U0307488

清华开发者书库

Flutter in Action

Flutter
实战指南

李楠◎编著
Li Nan

清华大学出版社
北京

内 容 简 介

本书针对零基础的读者,循序渐进地讲解如何通过 Flutter 构建一个完整的、跨平台的 App,让读者通过边学习边构建的方式深入理解 Flutter 的完整开发周期,逐步构建完整的 Flutter 知识体系。

本书分为基础篇和高级篇。基础篇(第 1～9 章)详细讲述如何使用一种语言、一个代码库构建跨平台移动 App,内容包括如何构建小部件,如何使用这些小部件搭建应用,以及调试 Flutter 应用、使用页面导航、处理用户输入、使用表单等;高级篇(第 10～20 章)系统讲解 Flutter 权限控制,如何使用 Flutter 添加动画效果、跨平台开发 Flutter、发布 Flutter 应用、混合开发、异步编程、数据存储、网络编程等。

本书可作为 Flutter 初学者的入门书籍,也可作为从事跨平台移动开发的技术人员及培训机构的参考书籍。

图书在版编目(CIP)数据

Flutter 实战指南/李楠编著. —北京:清华大学出版社,2020.4
(清华开发者书库)
ISBN 978-7-302-55021-1

Ⅰ. ①F⋯　Ⅱ. ①李⋯　Ⅲ. ①移动终端—应用程序—程序设计—指南　Ⅳ. ①TN929.53-62

中国版本图书馆 CIP 数据核字(2020)第 041230 号

责任编辑:赵佳霓
封面设计:李召霞
责任校对:梁　毅
责任印制:沈　露

出版发行:清华大学出版社
　　　　　网　　　址:http://www.tup.com.cn,http://www.wqbook.com
　　　　　地　　　址:北京清华大学学研大厦 A 座　　　　　邮　　编:100084
　　　　　社 总 机:010-62770175　　　　　　　　　　　　　邮　　购:010-62786544
　　　　　投稿与读者服务:010-62776969,c-service@tup.tsinghua.edu.cn
　　　　　质量反馈:010-62772015,zhiliang@tup.tsinghua.edu.cn
　　　　　课件下载:http://www.tup.com.cn,010-83470236
印 装 者:三河市龙大印装有限公司
经　　销:全国新华书店
开　　本:186mm×240mm　　印　张:19　　　　　字　　数:438 千字
版　　次:2020 年 5 月第 1 版　　　　　　　　　　　印　　次:2020 年 5 月第 1 次印刷
印　　数:1～2000
定　　价:79.00 元

产品编号:086120-01

前言
PREFACE

据统计,2017 年,用户累计下载应用程序 1780 亿次,分析师预测到 2022 年应用程序的用户下载量将增长到 2580 亿次。随着移动客户对应用程序的要求不断提高,开发人员的需求量也越来越大。Flutter 是谷歌创建的一种革命性的跨平台软件开发框架,它更容易为 iOS 和 Android 系统编写安全的、高性能的原生应用程序。Flutter 应用的运行速度非常快,因为此开源解决方案无须 JavaScript 桥接即可将 Dart 代码编译为平台特定的程序,并且 Flutter 还支持热加载。Flutter 的应用不仅响应迅速,而且效果惊人!

本书手把手教读者如何使用 Flutter 构建功能强大的全功能移动应用程序。本书分为基础篇和高级篇。基础篇(第 1~9 章)从最基础开始讲解 Flutter 和 Dart,以及如何使用 Flutter 提供的丰富的小部件来添加常用的 UI 元素,如按钮、开关、表单、工具栏和列表等;高级篇(第 10~20 章)通过引人入胜的示例,创建一个基本的用户界面,构建完整的状态管理,并将第三方插件与应用程序集成。此外,通过本书读者还将学习使用 Dart 编程语言进行编码。Dart 语言可提高编码效率,熟悉任何高级语言的程序员都会对 Dart 语言有家的感觉。书中不仅讲解 Flutter 的核心知识点,还讲解如何解决问题及一些开发技巧;不仅授之以鱼,而且授之以渔。通过学习本书的内容,读者将能够独立完成多种 App 的设计和开发。书中包含了 200 多个完整的项目源代码,以及 41 集配套教学视频,可以让读者快速上手,把所学知识应用到实践中。

希望本书能对读者学习使用 Flutter 构建美观、快速、跨平台的移动应用程序有所帮助,并恳请读者批评指正。

李楠

2019 年 11 月

本书源代码下载

目 录
CONTENTS

基　础　篇

高　级　篇

基 础 篇

相信许多移动应用开发者在开发过程中遇到过和我同样问题,开发一套原生的应用程序,需要运行在 iOS 和 Android 两个不同的平台,为此我们至少要学习 Java、Object-C、Swift 等两到三种语言来满足这样的需求,占用了我们大量的时间和精力,而且还要维护不同的代码库,或者有的开发者使用 Web 的 H5 来实现这种跨平台的应用,但 H5 通常跟设备操作系统不是太友好,往往受浏览器版本和移动设备中操作系统的限制。再有就是采用加壳的技术来满足这种跨平台的需求,但是就性能来说会很糟糕。

基于以上这些问题的存在,Flutter 诞生了,成为移动应用领域里很热门的一项技术。大的互联网平台都开始关注并使用这项技术去开发它们的移动应用。

大家将从本书基础篇学习到如何使用一种语言、一个代码库构建跨平台移动 App,内容包括如何构建小部件,如何使用这些小部件搭建你的应用。大家将循序渐进地了解怎么使用 Flutter 构建一个 App。

这里给大家建议是结合书中的内容进行编码实践,现在我们就一起学习 Flutter,相信它会给你带来一种神奇的体验。为了提高学习效率,作者提供在线答疑服务,网址 http://www.x7data.com,邮箱 r80hou@hotmail.com 或加 QQ 群: 169055795。

基础篇包括了以下几章:

第 1 章　Flutter 简介

介绍 Flutter 的一些发展情况和概括性地总结 Flutter 的技术架构,让你快速地了解 Flutter,以及在不同的操作系统上安装 Flutter 的运行环境和 IDE。

第 2 章　深入理解 Flutter 基础知识和小部件概念

深入学习 Flutter 和 Dart,以及如何使用 Flutter 构建移动 App。这一章会让你了解到关于小部件的核心基础知识,使用学到的小部件构建第一个 Flutter 项目。

第 3 章　调试 Flutter 应用程序

定位 Flutter 开发过程中不同类型的错误,学习不同的解决方式。

第 4 章　在不同设备上运行 Flutter 应用程序

将 App 运行到 iOS 和 Android 模拟器及真实设备上。

第 5 章　列表 ListView 小部件和条件过滤

深入学习 ListView 小部件,并根据条件渲染 ListView 中的内容。

第 6 章　Flutter 页面导航

学习如何构建页面导航,然后通过 Flutter 进行页面切换,以及如何向前、向后传递数据。

第 7 章　处理用户输入

学习使用基本表单小部件与用户交互并保存用户输入的内容。

第 8 章　深入学习 Flutter 小部件

了解查找小部件的方式及配置小部件的方法。

第 9 章　Form 表单

学习以更好的方式处理用户输入,验证输入内容并保存它们。

通过本篇的学习,你可以了解到 Flutter、Dart 及小部件的概念;学会在 macOS 和 Windows 上搭建 Flutter 的环境;掌握调试技巧和窍门;理解基于堆栈的导航;处理并验证用户的输入,从而搭建出具有基本功能的 App。

第 1 章

Flutter 简介

Flutter 实际上是一个包含多种内容的软件包,你可以说它是用于创建移动 2D 应用程序的 SDK 软件开发工具包。Flutter 的软件包中最重要的就是编程框架,框架使用 Dart 作为编程语言,通过本章的学习你将对 Flutter 的特性和开发技术有深入的了解。

1.1　什么是 Flutter

视频讲解

Flutter 是一个基于 Dart 语言的框架,这个框架包含可以直接使用的类。这样你就不必从头开始编写所有内容。例如,Flutter 附带了大量的小部件,小部件实际上就是 UI 元素,例如按钮、Tab 页、列表等,所以你不必编写所有内容,而是可以使用 Flutter 框架中的所有这些工具,添加自己的代码和实现自己的逻辑,然后使用这些功能构建原生应用程序。

因此,只需使用一种语言 Dart 编写代码,你不必学习 Java 或 Swift 或其他任何东西。在熟悉了 Flutter 框架功能后,你可以根据不同平台,编写特定平台的代码,这也是我将在本书中介绍的内容。Flutter 不只是 Dart 编码,它还是一组工具集合,允许你在设备上测试编写的应用程序,具有很酷的功能,例如自动重新加载代码中的任何内容,以及在模拟器上运行应用程序,非常方便。

Flutter 还提供了构建工具,以便将 Dart 代码构建打包,并上传到 Apple Store 或 Android 应用商店中。Flutter 会将 Dart 代码编译为本机代码,因此,Flutter 既是编程框架又是工具集合。

为了更直观地理解 Flutter,我们看一下 Flutter 与 Dart 关系图,如图 1.1 所示,Flutter 建立在 Dart 上。Dart 是编程语言,然后 Flutter 提供了编程框架,它与 Dart 有很好的关联,或者在 Dart 上堆建。Flutter 提供了许多实用功能和大量小部件,还包括构建测试应用程序的 SDK 等工具,这就是 Flutter。这是你将从头开始学习的,我们将使用 Flutter 与 Dart 一起构建原生移动应用程序并将它们发布到应用商店上。

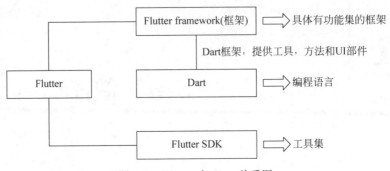

图 1.1　Flutter 与 Dart 关系图

1.2　Flutter 的架构

视频讲解

　　Flutter 的架构是什么样的，以及它的核心概念是什么？使用 Flutter 构建好 App 后，你会发现 App 只是一个小部件树，可以将其视为应用程序中的 UI 元素，整个应用程序是一个 UI 元素，它包含子元素，例如导航栏；或者是一些文字，又或者是用户的输入框，也可以是一个按钮。我们可以把这些小部件放到可视化的小部件中，例如行小部件、列小部件，然后对行和列进行排列组合的布局。Flutter 是拥抱差异的，这意味着你可以使用一种编程语言编写运行在 iOS 和 Android 平台的应用。同时你也可以根据 iOS 和 Android 平台的差异，去分别开发各自平台的代码，这就是 Flutter 很核心的一个概念。

　　在 Flutter 中一切都是小部件，如图 1.2 所示的就是开发完成后的一个页面，在这个页面中，使用了大量的小部件，但实际上比这里标示的还要多，例如按钮是一个小部件，它上面

图 1.2　一切都是小部件

的文字是另外一个小部件,整个页面也是一个小部件,这样就形成了一个小部件树。应用是一个小部件,它包含了不同的页面,然后每个页面也是小部件,页面中包含的内容也是小部件,页面和页面之间还可以切换。

　　下一个核心的问题是怎样把 Flutter 中的 Dart 编码转换成原生应用的代码。我们使用 Dart 语言编写代码,然后借助 Flutter API 编写自己的小部件。那么怎样才能编译成 iOS 和 Android 的原生代码呢? Flutter SDK 帮助我们完成这项工作,你不必编写任何原生的代码,你只需要用 Dart 语言编写,使用 Flutter 的功能,然后 Flutter SDK 就会完成代码的编译工作,以上就是 Flutter 提供给我们的全部功能,如图 1.3 所示。下面我们就可以搭建开发环境,开发我们的第一个 Flutter 应用程序了,并把它运行到模拟器上。

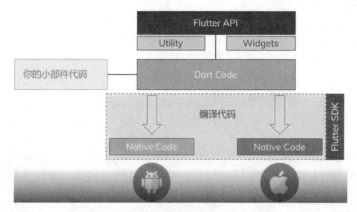

图 1.3　Dart 编码转换成原生应用的代码

1.3　在 macOS 下安装 Flutter

视频讲解

　　Flutter 在 macOS 和 Windows 上的安装步骤不同,这节讲解如何在 macOS 上安装 Flutter。如果你是 Windows 用户请跳过 1.3 和 1.4 节,同样如果你是 macOS 用户请跳过 1.5 和 1.6 节,下面我们看一下安装过程。

　　下载并安装 Flutter 的步骤如下:

　　首先访问 Flutter 的官网 https://flutter.dev/,浏览器将会显示如图 1.4 所示的页面,单击页面右上方"Get started",然后下载 Flutter 的稳定版本。

　　解压文件到指定目录,例如/flutter 目录下面,然后在终端运行 vim ~/. bash_profile 命令,配置环境变量,如图 1.5 所示。

　　配置好变量后,在终端运行 source ./. bash_profile 使配置生效,再运行 flutter doctor 命令,这个命令检查环境是否正确,并向终端窗口显示报告。Dart SDK 与 Flutter 捆绑在一起,没有必要单独安装 Dart。请仔细检查输出以了解可能需要安装的其他软件或执行的其他任务(以粗体显示)。如果没有安装 Xcode,需要安装一下 Xcode 9.0 或以上版本。同样,

图 1.4　Flutter 官方网站

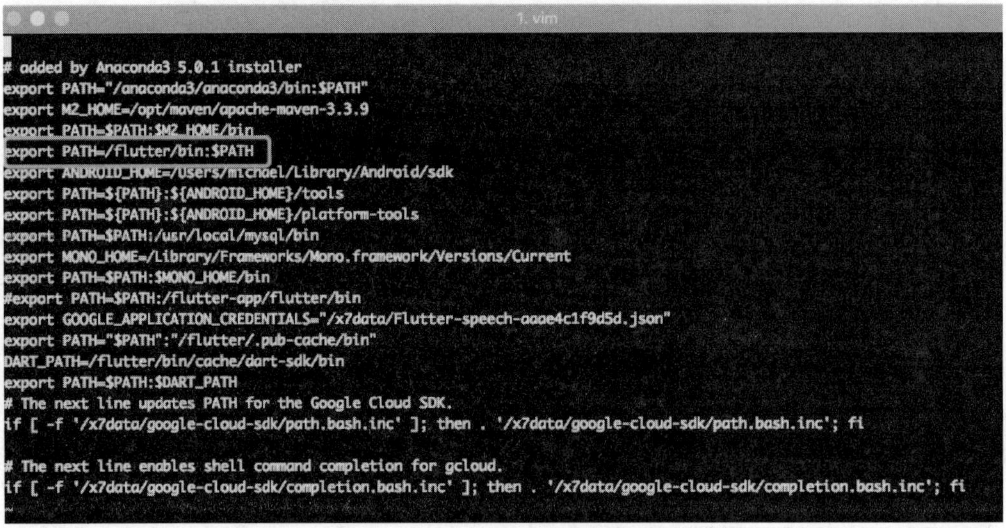

图 1.5　配置 Flutter 环境变量

　　如果没有安装 Android Studio，也需要安装最新版本的 Android Studio。再运行 flutter doctor 命令，如图 1.6 所示，提示没有可用的设备。

　　运行 open　-a Simulator 命令打开模拟器，然后通过命令创建我们的第一个 Flutter App。首先进入项目目录，我的项目目录是根目录下的 flutter-app，然后运行 flutter create my_app。Flutter 会帮我们生成 Flutter 相关的文件，创建好后进入 my_app 目录，运行

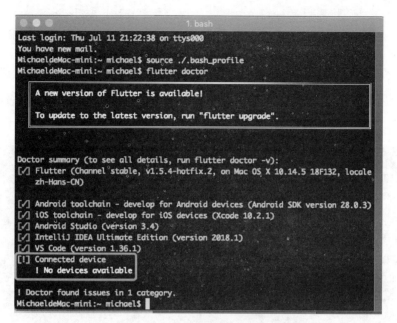

图 1.6　检查环境是否正确

flutter run 命令，这样我们的第一个 Flutter App 就创建好了，并成功运行到模拟器上了，如图 1.7 所示。

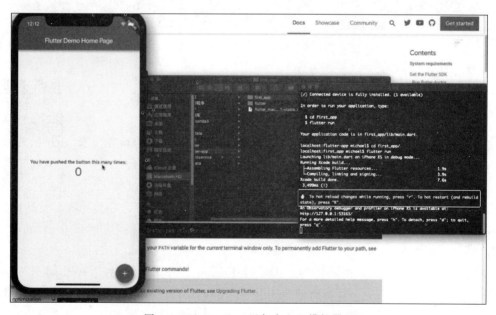

图 1.7　Flutter App 运行在 iOS 模拟器上

Flutter 支持热加载，完成启动后，单击 R 键进行热加载。

下面看一下如何将项目运行到 Android 的模拟器上,打开 Android Studio,打开一个已有的项目,就是我们刚才生成的 my_app。首先需要创建一个模拟器,单击页面上方的"Tools"按钮,然后单击"AVD Manager"按钮创建一个 Android 模拟器,如图 1.8 所示。

选择这个模拟器,单击页面右侧的"run"按钮,把我们的 Flutter App 运行到这个模拟器上。你可以使用 Android Studio 编写代码,也可以使用 IntelliJ IDEA,我们这里使用 Visual Studio Code 编写。

图 1.8　创建一个 Android 模拟器

1.4　在 macOS 下安装 Visual Studio Code

登录网站 https://code.visualstudio.com/,如图 1.9 所示,可以免费安装 Visual Studio Code,像大多数 IDE 一样,这个网站会自动识别你的系统,然后给你提供相应的下载内容,下载后执行这个文件,完成安装程序。

视频讲解

安装非常简单,没什么特别之处,安装完成后就可以运行它了。在启动屏幕上选择文件夹或文件,让我们打开之前创建好的 Flutter 项目,如图 1.10 所示,然后它就会呈现在 IDE 中。

除此之外还需安装一些插件,使 IDE 对 Flutter 的支持更友好。单击屏幕上方的"View"按钮选择"Extension",然后搜索 Flutter 找到官方的 Flutter 插件,单击"Install"按钮,如图 1.11 所示,同时它会把 Dart 作为它的依赖也安装上,安装完成后,单击"Reload"按钮,重新加载一下你的 IDE。

还有一个可选的插件需要安装,那就是 Material Icon Theme。这个插件跟 Flutter 没

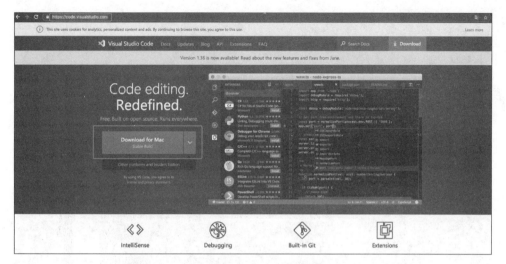

图 1.9　下载用于 macOS 的 Visual Studio Code

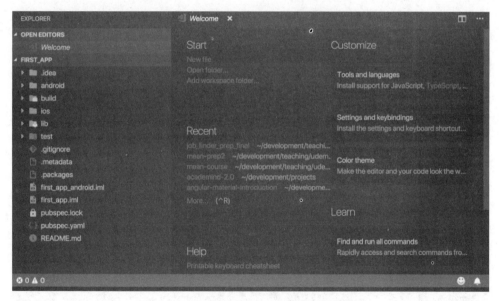

图 1.10　使用 Visual Studio Code 打开项目

有直接关系,但它会使图标看起来更美观。安装完成后单击"Explorer"按钮,回到项目目录,准备开始开发 Flutter App。在 main. dart 文件中找到_incrementCounter()方法把_counter＋＋改成_counter＝_counter＋2,如图 1.12 所示,这样单击一次按钮就会加 2。

　　现在使用 Flutter 的热加载功能,来到终端,按一下 R 键,Flutter 就会执行刚才的改动。如果 App 卡住了,可以按 Shift＋R,去重新构建并加载。回到模拟器中,看起来没有什么变化,但是当我们单击模拟器中的按钮,会发现数字每次加 2,从这就可以看出使用 Flutter 多

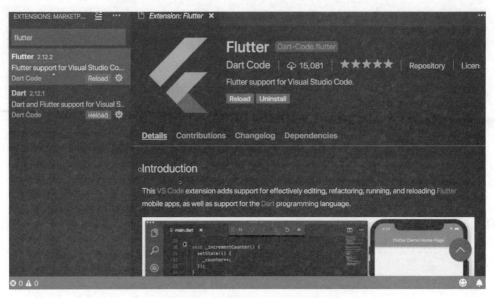

图 1.11　使用 Visual Studio Code 下载 Flutter 插件

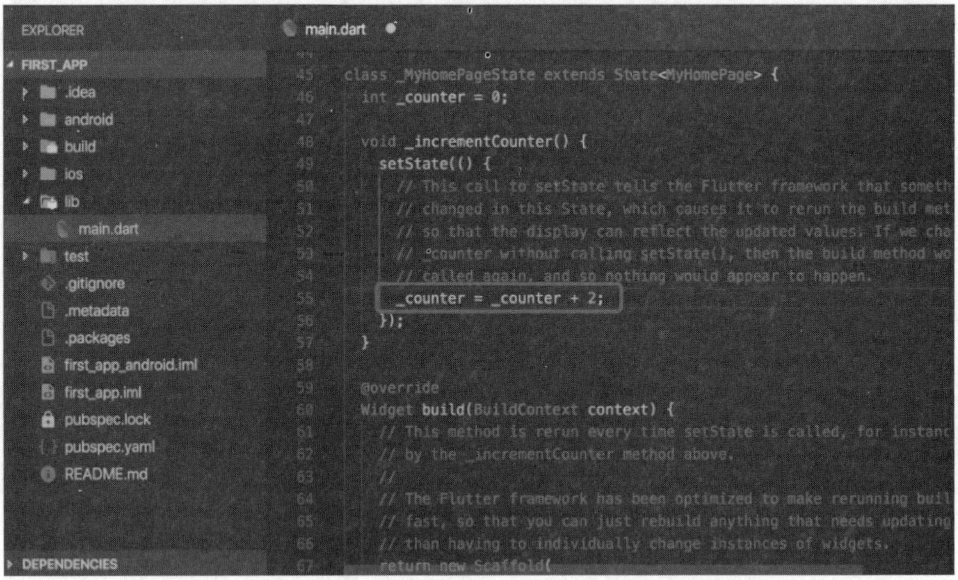

图 1.12　编写 main.dart 文件

神奇,以及使用它开发多容易,热加载会贯穿于我们整个 App 开发过程中。书中还会介绍
IDE 的一些技巧,现在去看看怎样在 Windows 系统中安装 Flutter,如果你是 macOS 用户
可以跳过下面两节。

1.5　在 Windows 下安装 Flutter

下面看一下如何在 Windows 系统上安装 Flutter。首先访问官网 https://flutter.dev/，单击页面右上方的"Get started"按钮，然后选择 "Windows"，如图 1.13 所示。

视频讲解

第一步看一下系统的要求，在 Windows 下安装 Flutter 需要 Windows 7 SP1 或更高的版本，硬盘空间也很重要，不能低于 400MB，还需要安装两个工具，如图 1.14 所示。Windows PowerShell 5.0 在 Windows 10 里已经预安装了，如果是 Windows 的其他版本需自己安装。另外一个工具是 Git，可以在官网 https://git-scm.com/download/winG 下载并安装，Git 的安装很简单，确认好硬盘空间后，单击"下一步"按钮操作就可以了。

图 1.13　Flutter 官方网站

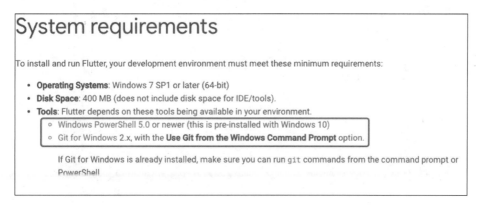

图 1.14　需要安装的工具

现在我们就开始安装 Flutter，你可以从官网下载一个稳定版本，如图 1.15 所示。当你下载时，版本可能会与图 1.15 所示的版本不同，但不管怎样，你只要下载官网的稳定版本就可以。

图 1.15　下载 Flutter 的稳定版本

下载完成后，把它解压到一个目录下，这个目录不是你的 App 目录，而是 SDK 目录。SDK 是软件开发工具包，可以在系统上全局安装，然后从系统不同目录下使用它来创建 Flutter 项目，并使用这个项目，例如我们解压到 D:\Progams\flutter 目录下。这个目录可以自己指定。下一步进入这个目录，双击运行 flutter_console.bat 这个文件，它会弹出一个 Flutter 命令窗口，可以在这个窗口中运行 Flutter 命令，这里我们使用 Windows 自带的命令提示符，在使用之前需要配置一下全局变量，目的是让 Windows 能够找到对应的路径，如图 1.16 所示。选择控制面板并单击"用户"按钮，下一步单击"我的环境变量"按钮，然后编辑环境变量，单击"新建"按钮，输入安装的 Flutter 目录下的 bin 目录，然后单击"确定"按钮。

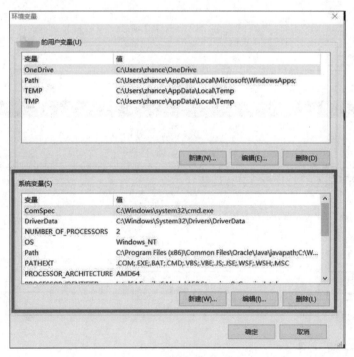

图 1.16　配置环境变量

关闭所有的命令行,打开一个新的命令行,输入命令 flutter,按下回车键。如果屏幕上显示的内容如图 1.17 所示,说明环境变量配置成功了,就可以在命令行中输入 Flutter 相关命令了,这样 Flutter 就安装好了。

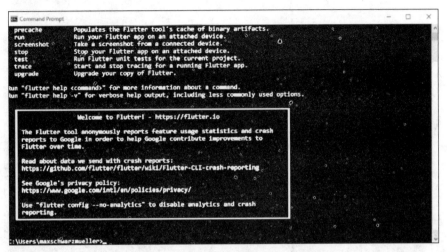

图 1.17　运行命令 flutter 后显示的内容

下一步安装 Android Studio,访问网站 https://developer.android.com/studio 下载并安装,下载前需要同意一些协议,下载完成后,执行安装,确认勾选了 Android Virtual Device 这一项,如图 1.18 所示。

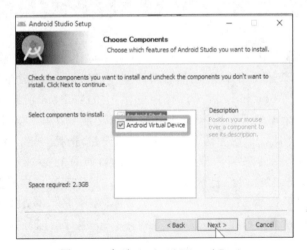

图 1.18　勾选 Android Virtual Device

选择安装的路径,可以使用默认的安装路径,也可以自定义,再单击"Next"按钮,执行安装程序,安装好后就可以启动 Android Studio 了。首次启动会弹出使用向导,提示你设置主题等个人偏好。

选择 Android 虚拟器这一步很重要,如图 1.19 所示确认勾选了 Android Virtual

Device,然后检查 Android SDK 的位置,这里使用默认的配置,单击"Next"按钮,再单击
"Finish"按钮。这里提示大家,这一步需要很长的时间进行加载,因为安装过程中需要下载
很多软件包。

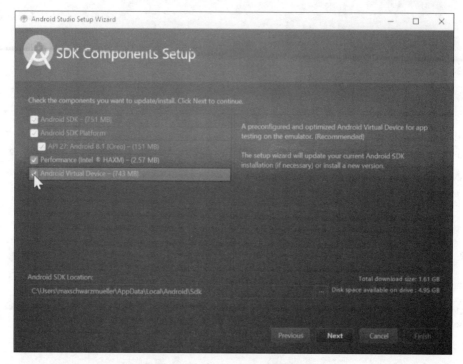

图 1.19 勾选 Android 虚拟器

在命令提示符中输入 flutter create first_app 来创建一个 Flutter 项目,项目名称中只
能使用下画线,而不能使用空格和横杠,然后按回车键,Flutter 会自动创建一些配置文件。

创建完成后,打开 Android Studio,选择一个存在的 Android 项目,就是刚才创建好的
Flutter 项目。打开一个模拟器,因为开发阶段大部分功能是在模拟器上调试并开发的,然
后再到真实的设备上测试。单击屏幕上方的"Tools"按钮,选择"AVD Manager"按钮,单击
"＋Create Virtual Device..."按钮创建一个新的模拟器,如图 1.20 所示。

首先选择一个设备,然后页面会显示创建向导。这里需要选择模拟器的系统,请选择使
用最新的版本,单击"Next"按钮。最后配置 Graphics,选择 Hardware,如图 1.21 所示。单
击"Finish"按钮,这样这个模拟器设备就创建好了。单击运行图标,如图 1.22 所示,模拟器
就显示出来了。

下一步需要在 Android Studio 中安装缺少的依赖项和插件,单击 IDE 右上方的"Install
plugins"按钮,如图 1.23 所示,然后重启。启动好后 IDE 右下角会有一个提示,如图 1.24
所示,建议安装插件,单击"Configure plugins"按钮,会弹出 Flutter 插件,单击"Accept"按
钮,同时也会自动安装 Dart 插件,Android 完成后需要再次重启 IDE。回到命令提示符窗
口,运行命令 flutter doctor,命令提示符窗口会提示漏掉了哪些内容。

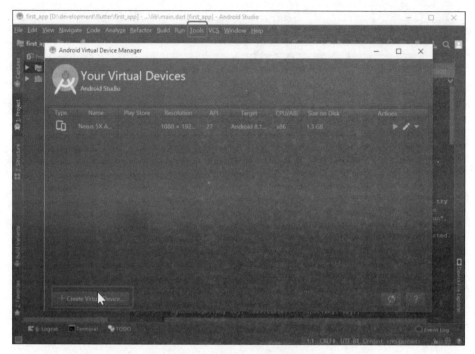

图 1.20 创建一个新的模拟器

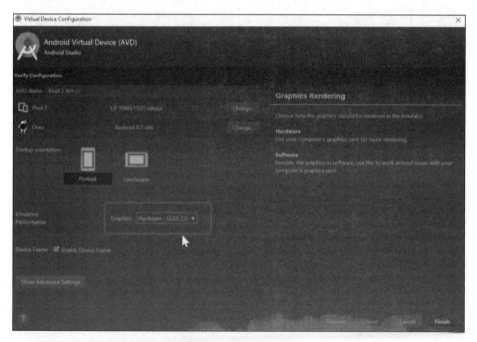

图 1.21 配置 Graphics

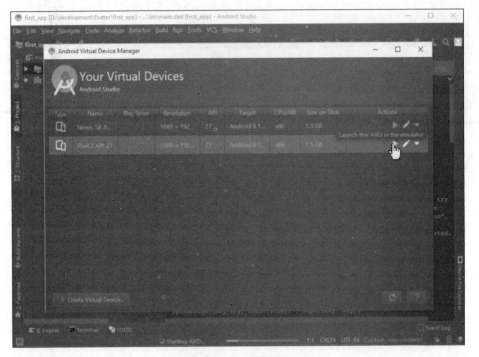

图 1.22　启动模拟器

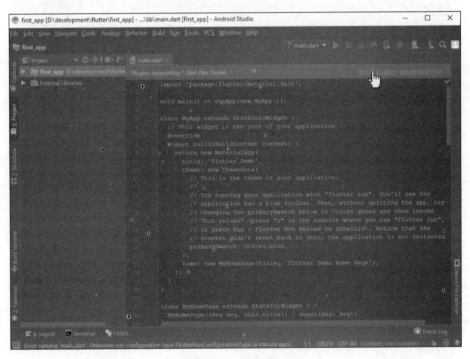

图 1.23　安装插件

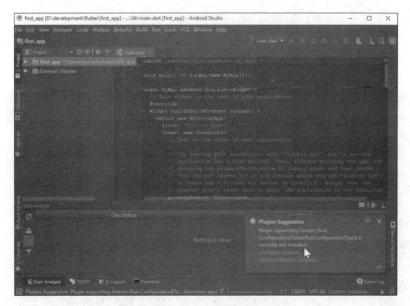

图 1.24　配置插件

回到 Android Studio,单击 IDE 右上角"▶"运行按钮,运行我们创建的这个 Flutter 项目,可以看到 Flutter App 已经运行到模拟器上了,单击"浮动"按钮,可以增加计数器,或者在项目的目录下运行命令 flutter run 来启动。

1.6　在 Windows 下安装 Visual Studio Code

视频讲解

我们使用 Visual Studio Code,可通过网站 https://code.visualstudio.com/下载 IDE,如图 1.25 所示。这个 IDE 是免费的,并且支持 Flutter 的扩展,访问网站,它会根据你的系统提供一个适合的下载版本。下载并安装 IDE,安装步骤简单,没有什么特别需要说明的,安装完成后就可以运行它了。

图 1.25　在 Windows 下下载安装 Visual Studio Code

　　为了使这个 IDE 更好用,需要添加一些插件,单击"Extension"图标,如图 1.26 所示。搜索 Flutter 插件,安装官方的 Flutter 插件,Dart 会随这个插件一起安装,安装完成后,重启 IDE。

图 1.26　使用 Visual Studio Code 下载 Flutter 插件

　　另外,还要安装一个插件 Material Icon Theme,这个插件与 Flutter 安装无关,它只是会使 IDE 变得美观。在项目目录下找到 main. dart 文件,然后到 incrementCounter()方法里,把_counter＋＋改成_counter＝_counter＋2,如图 1.27 所示。

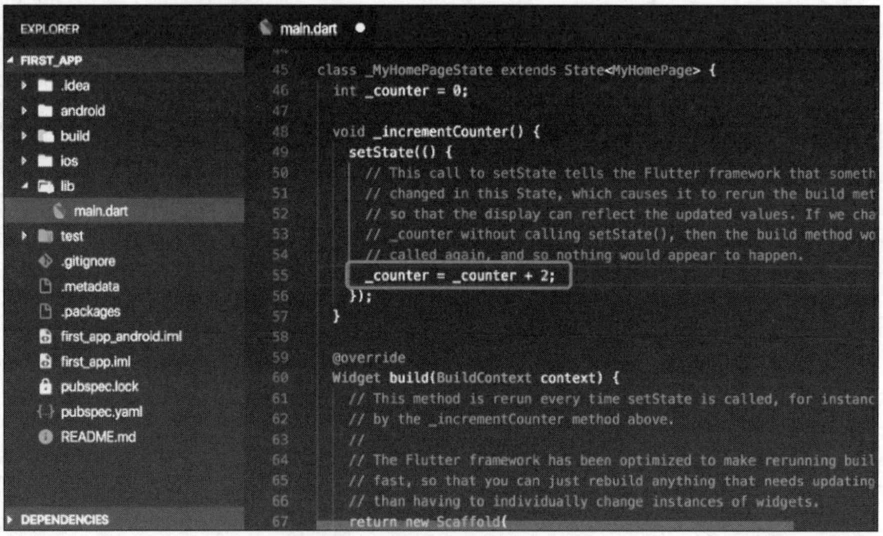

图 1.27　编写 main. dart 文件

这样每次单击"浮动"按钮就会加2。来到命令行窗口,不需要使用Ctrl+C键退出,只需要按R键进行热加载就可以使改动生效,这意味着你不需要重新Build就可以修改你的App了。如果更新失败或者模拟器卡住了,需要按Shift+R键重新Build才可以。接下来回到模拟器,单击"加号浮动"按钮,会看到计数器每次增加2而不是1,这是第一个小的改变,接下来我们将更深入地学习Flutter。

1.7　Flutter 中的 Material Design 体系

Material Design 是谷歌创建的一个设计系统,它看起来如图1.28所示。Flutter 使用了 Material Design。它不仅是一种样式,还可以灵活地自定义样式,例如可以改变颜色、位置或者包含其他小部件,这样就可以设计出自己的小部件。Material Design 已经植入到 Flutter 中了,Flutter 也依赖 Material Design,所以 Flutter App 实际上也是 Material App。

视频讲解

　　Flutter 正在积极地快速发展,现在已经有了很多稳定版本,随着版本的更新,功能也随之更新。关注官网可以及时了解它的变化。同时也会有更多的第三方软件包添加到 Flutter 的生态系统中。Flutter 也可能会存在 Bug,如果遇到 Bug,可以先定位 Bug,确定到底哪里出问题了,然后关注这个问题。

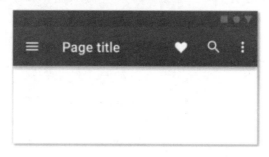

图 1.28　Material Design 与 Flutter 的关系

第 2 章　深入理解 Flutter 基础知识和小部件概念

本章将深入学习 Flutter 和 Dart 及使用 Flutter 构建移动 App,还包括学习 Flutter 的核心基础知识,主要是关于小部件的。不仅在理论上学习 Flutter,还将使用 Flutter 构建项目。

现在让我们创建一个新的 Flutter 项目。

2.1　创建一个 Flutter 项目

要创建一个 Flutter 项目,需要使用 Flutter 命令。首先需要配置 Flutter 的环境变量,在第 1 章已经介绍了,然后在命令提示符中运行命令 flutter create 加上项目名称,如图 2.1 所示,如果项目名称涉及多个单词,请使用下画线分隔,而不可以使用横线和空格,单击回车键。

这将在当前运行命令的目录下创建一个新的目录,所以要确认好当前的目录。新创建的目录中包含了大量 Flutter 自动创建的 Android 和 iOS 相关文件。项目创建完成后,在日志中会显示一些可以运行的命令。现在不需要运行它们,而是使用 IDE 打开这个新创建的项目。

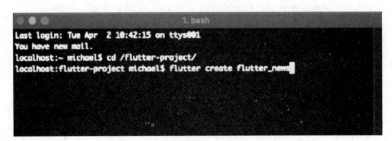

图 2.1　创建 Flutter 项目的命令

这里使用 Visual Studio Code 打开这个项目,也可以使用 Android Studio 打开它。首先确保 Visual Studio Code 安装了 Flutter 插件,然后打开 Visual Studio Code 集成的终端,在 View 下选择 Terminal,如图 2.2 所示。

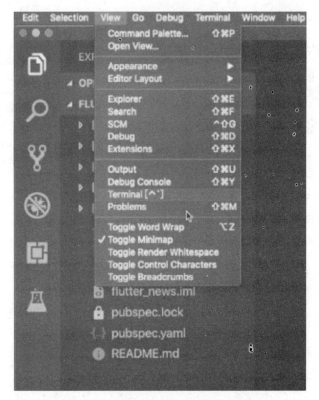

图 2.2 打开 Visual Studio Code 中的终端

在当前项目目录下的 Terminal 中运行 Flutter 命令,但是现在还启动不了,因为运行 Flutter 项目需要一个模拟器或一个真实的设备。这里使用模拟器,所以让我们快速启动一个模拟器,打开 Android Studio,单击"Tools"按钮,再单击"AVD Manager"按钮,如图 2.3 所示。

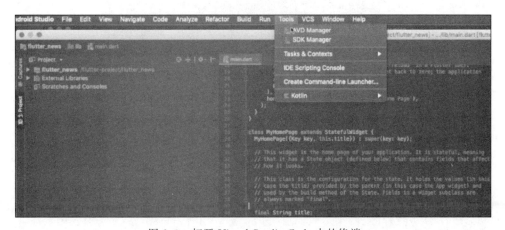

图 2.3 打开 Visual Studio Code 中的终端

选择一个设备,也可以创建一个新的设备,并单击右侧的"▶"运行按钮,如图 2.4 所示。

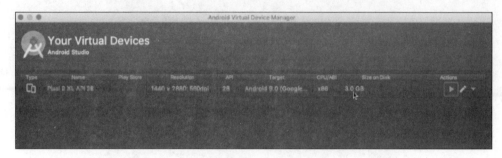

图 2.4　启动 Android 模拟器

模拟器运行起来后,回到 Visual Studio Code 中,启动 Flutter 项目,单击"Debug"按钮,选择"Start Debugging",或者"Start Without Debugging",如图 2.5 所示。

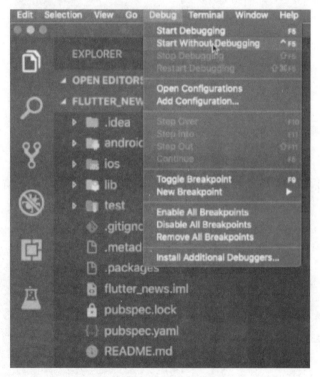

图 2.5　启动 Flutter 项目

此时模拟器有可能会提示选择环境变量,只需选择 Flutter And Dart 即可。构建好Flutter 项目后,IDE 会发送给模拟器,如图 2.6 所示。

顶部有个控制面板,可以调试、重启、退出、暂停项目。这个应用程序如图 2.6 中模拟器所示,这是 Flutter 自带的,而不是我们编写的,下一节我们将重新编写一个应用程序。

图 2.6 运行的 Flutter 项目

2.2 Flutter 目录结构及 main 文件

我们启动并在模拟器上运行了 Flutter 项目,现在打开 main.dart 这个
文件并删除所有内容,如图 2.7 所示,从零开始学习如何编写 Flutter 代码。
视频讲解

首先介绍一下图 2.7 中左侧的目录和文件:.idea 目录是 Android
Studio 中的文件不要删除,也不需要了解其中的内容;android 和 ios 目录
非常重要,因为它们保存着本机的代码,并且是应用构建过程的重要部分,android 和 ios 目
录中的内容不经常用到,后面的章节用到时再学习;lib 目录是编写整个 Flutter 应用的地
方,我们将在这个目录下编写 Dart 和 Flutter 代码;test 目录下可以编写自动化测试代码。
其他文件是基本的配置文件,例如.gitignore 文件是版本控制文件,其他配置文件中包含
SDK 的配置信息,不需要编辑它们。pubspec.yaml 文件是配置整个项目及其依赖的,这个
文件是很重要的。后面章节会介绍添加第三方包,例如相机设备,会经常修改这个文件中的
某些配置,现在编写我们应用程序的一些基础代码。

main.dart 文件是一个很重要的文件,不可以重新命名,因为 Flutter 构建项目时会寻
找 main.dart 这个文件,文件中包含一些特殊的方法来启动整个 App,其中有一个 main()
方法,在 Flutter 中创建方法,需要输入一个名字例如 main,这个方法比较特殊,App 在启动
的时候会寻找这个 main 方法。其他的方法可以自己命名,然后输入括号,在括号中可以指

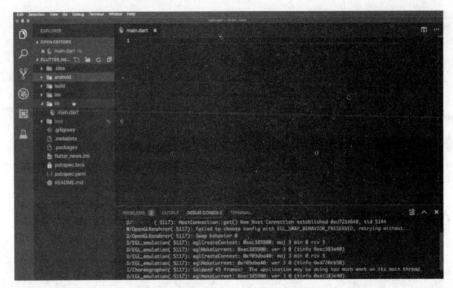

图 2.7　Flutter 项目中的 main. dart

定任何参数,然后在方法体中使用这些数据,但是 main()方法不接受任何参数,方法体中执行的代码需要用大括号括起来。如果执行某个方法,可以像如下代码这样写。

```
main();   //调用 main()方法
```

但是对于 main()这个特殊的方法我们不能去调用它,Flutter 会自动调用它,所以这就是我们必须要命名为 main()并且把它放到 main. dart 中的原因。现在可以启动 App,开始渲染用户界面并运行到操作系统上,这可以通过 Android 和 iOS 来完成,但是要在屏幕上呈现一些内容,需要在 main()方法中做一些事情。例如将一个小部件附加到屏幕上,接下来讲解什么是小部件。

2.3　Flutter 中小部件的概念

视频讲解

Flutter 中一切都是小部件,小部件是构造块,UI 组件。如果将一个 Flutter 应用运行到移动设备上,它通常由多个小部件组成。例如顶部的标题栏、导航栏、标题图片、包含内容的列表等,它们都是单独的小部件,通常还包含其他小部件,如图 2.8 所示。图 2.8 中的列表含列表项作为子部件。页面本身也是小部件,如图 2.8 所示的 scaffold 小部件,甚至整个应用程序都包含在一个根小部件中。

因此小部件实际上是 UI 组件,但它们不仅仅是视觉组件,还包含逻辑组件。例如,按钮小部件不仅会显示按钮,还会定义单击按钮时会发生什么。构建 Flutter 应用程序是通过创建 UI,然后编写 UI 的逻辑来实现的,例如选择移动设备上的图片并上传到服务器上、从

图 2.8　Flutter 应用中的小部件

服务器上获取数据并渲染到屏幕上等。

　　我们可以将 Flutter 应用视为小部件的树，一个根小部件包含整个应用程序，可能会有 40 个不同页面的小部件作为子小部件，然后为子小部件嵌套其他小部件，如图 2.9 所示。

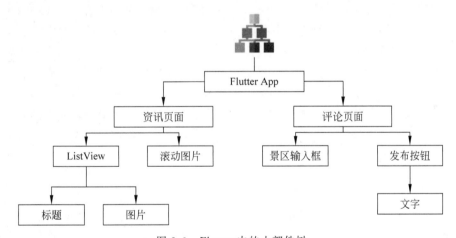

图 2.9　Flutter 中的小部件树

　　实际上我们建立了如图 2.9 所示的一个小部件树，我们可以使用 Dart 编程语言完成所有这些工作，让我们看看如何创建这样的小部件树。

2.4　创建 Flutter 小部件

　　现在 App 中没有任何内容，我们只写了一个 main() 方法，将来它将会被调用，但是我们不知道在 main() 方法里执行什么。上一节我们学习到整

视频讲解

个 Flutter 应用都是由小部件组成的,所以我们应该写一个小部件。首先创建根小部件,要实现它需要使用 Dart 语言的一个特性——类。你可能在其他的语言中听说过这个概念,Dart 是面向对象的编程语言,所以一切都是对象,一个对象就是一个简单的数据结构,类允许为对象创建属性和方法。Flutter 提供了很多类供我们使用,但也可以创建自己的类。输入 class 关键字后,可以输入一个类名,类名以一个大写字母开头,然后输入名字,代码如下:

```
classMyapp                    // class 关键字加上类名
```

这里将 Myapp 作为一个词使用,也可以使用多个词,每个词以大写字母开头,代码如下:

```
classMyApp                    //将 MyApp 作为多个词来命名
```

类的名称不能使用横线、下画线,这就是类。现在可以给这个类加一些特性,例如方法、变量,变量你可能从其他的语言中了解过,变量是简单的、小的数据结构,例如 name='tom'。但是,如果想把一个混合的数据赋值给 name,需要把 name 指向一个对象。

现在我们想创建一个小部件,一个小部件是一个对象,这个对象是由类来定义的,但是我们自己创建的类,Flutter 不认为它是一个小部件类,因为一个小部件需要某些特性,因此我们的类必须继承其他的类,继承使用 extends 这个关键字,允许继承一个类,意味着当前类继承了这个类的所有特性,然后你可以使用这些特性或者添加自己的特性。如果继承了 Flutter 的类,Flutter 便会知道它可以安全地使用这个类的对象,并在屏幕上绘制一些内容。我们需要继承的类来自 Flutter 框架,所以需要了解特性 import。编写代码时需要使用 Flutter SDK 框架中的代码,因此需要通过 import 关键字,引入需要的文件的路径,从这些特性可看出 Dart 是一门模块化的语言,同时也意味着可以将代码切分成多个文件,下面引入 Flutter 包中的文件,代码如下:

```
import 'package:flutter/material.dart';//引入 Flutter 框架中的文件
```

我们通过 package:加包名 flutter,flutter 包中包括很多的子包或者文件,可以通过/加文件名来定位文件,上述例子中引入了 material.dart 这个文件。现在我们可以继承这个文件中暴露的一些类。例如无状态小部件 StatelessWidget、有状态的小部件 StatefulWidget。

因为我们引入了对应的文件,所以这里继承 StatelessWidget,代码如下:

```
// Chapter02/02-04/lib/main.dart
class Myapp extends StatelessWidget {      //继承无状态小部件
…
}
```

现在就可以把它作为一个小部件并显示在屏幕上了。这里还有一个很重要的事情需要说明,将在下一节介绍。

2.5 小部件中的 build 方法

视频讲解

现在 Myapp 类已经继承了 StatelessWidget,因此 Myapp 是一个有效的小部件了,我们可以看到 Myapp 下面有一个横线,如果把鼠标悬停在上面,会看见一些错误的提示信息,如图 2.10 所示。

```
main.dart  ✕
1    import 'package:flutter/material.dart';
2
3         class Myapp extends StatelessWidget
4    main()
5         Missing concrete implementation of
6    }     StatelessWidget.build. dart(non_abstract_class_inherits_abstract_member_one)
7    ⚑    Quick Fix...   Peek Problem
8    class Myapp extends StatelessWidget{
9              I
10   }
11
12
```

图 2.10　Myapp 中错误的提示信息

提示当前类中缺少 build 方法,所以输入 build()加上大括号,定义一个方法。但还是有下画线,如图 2.11 所示。

```
class Myapp extends StatelessWidget{
  build(){

  build() → Widget

  Describes the part of the user interface represented by this widget.

  The framework calls this method when this widget is inserted into the tree in a given
  [BuildContext] and when the dependencies of this widget change (e.g., an [InheritedWidget]
  referenced by this widget changes).

  The framework replaces the subtree below this widget with the widget returned by this
  method, either by updating the existing subtree or by removing the subtree and inflating a
  new subtree, depending on whether the widget returned by this method can update the root
  of the existing subtree, as determined by calling [Widget.canUpdate].

  Typically implementations return a newly created constellation of widgets that are
  configured with information from this widget's constructor and from the given
  [BuildContext].
```

图 2.11　build 方法提示的错误信息

这里需要告诉 Flutter,Myapp 这个类创建的对象是一个小部件,需要显示到屏幕上,也可以认为 Flutter 通过调用对象中的 build()方法来显示某些内容,这就是要在创建小部件中添加 build()方法的原因。build()方法实际上需要通过方法中的参数传递一些数据,这些数据是 Flutter 传递的。因为 Flutter 会调用 build()方法,build()方法需要一个参数

context,context 实际上是一个对象,包含应用的一些元信息,以及绘制小部件的位置。例如 context 中包含了应用的主题,目前可以先忽略它。

现在我们在 build()方法中添加一些内容。build()方法需要返回内容,所以需要使用 return 关键字。因为 Flutter 需要执行 build()方法来知道在屏幕上绘制什么,所以 Flutter 需要执行 build()方法返回的内容,我们在方法体中添加 return 关键字,但现在的问题是需要在这里返回什么。这里有一个很重要的规则,在 build()方法中,小部件总会返回另一个小部件,一直递归到 Flutter 附带的小部件为止。

这里可以使用 Flutter 附带的 MaterialApp 小部件,它是一个很特殊的小部件,可以用来包装整个 App。App 可以通过它来设置主题,也可以添加一个导航器,使应用在不同页面间进行切换等。所以 MaterialApp 是核心的根小部件,在每个 Flutter App 中都会用到它。在 Myapp 小部件中将 MaterialApp 返回,作为最顶级的小部件,代码如下:

```
// Chapter02/02 - 05/lib/main.dart
class Myapp extends StatelessWidget {        // 继承 StatelessWidget
  build(context) {                           // 添加 build()方法
    return MaterialApp();                     // 返回 MaterialApp 根小部件
  }
}
```

MaterialApp 小部件中可以配置一些内容,并显示在屏幕上。现在模拟器上面没有显示任何内容,所以需要给 MaterialApp 传递数据,下一节来实现这个功能。

2.6　添加 Scaffold 页面

视频讲解

到目前为止,Flutter 的内容已经涵盖了很多方面,但是在模拟器的屏幕上还是什么都看不到,所以我们需要告诉 MaterialApp 需要做些什么,然后显示到模拟器的屏幕上。我们可以给 MaterialApp 传递参数。之前在创建 build()方法时需要一个参数,同样 MaterialApp 的构造器也需要传递参数,它接收命名的参数,这意味需要添加一个名字,例如 home。这个参数加上冒号然后加上传递的值,还有一种是位置参数,例如 build(context),这里的参数不需要名字,build()方法中传递的第一个参数会被认为是 context。在 Flutter 中我们会经常用到命名参数。现在我们需要给 home 这个参数传递一个值,home 需要传递的实际上是小部件,它们会被绘制到屏幕上。这里你可以使用 Scaffold,它是 material 包附带的,Scaffold 可以在 App 中创建一个页面,默认是白色的背景,也可以修改这个背景颜色。

Scaffold 还可以添加标题栏等小部件。同样需要在构造器中传递数据,其中一个参数叫 appBar,输入冒号,添加一个顶部的导航栏 AppBar()小部件,现在同样也需要配置 AppBar 来显示内容。其中一个参数为 title。把鼠标悬停在 AppBar 上,会看到我们可以传递哪些参数,你会发现 title 这个参数同样会传递一个小部件。这里我会用到这个小部件链上的最后一个小部件 Text,Text 是一个需要传递 String 类型数据的小部件。Text 是由位置

参数创建的,所以只需要传递一个 String 类型的数据,并放在参数的第一个位置,代码如下:

```
// Chapter02/02-06/lib/main.dart
…
return MaterialApp(
  home: Scaffold(                      // 给 MaterialApp 中的 home 传值
appBar: AppBar(                        // 给 Scaffold 中的 appBar 传值
      title: Text('资讯标题'),           // 给 Text 小部件传值
    ),
  ),
);
…
```

这样 Text 小部件就可以获取到数据了。现在传递一个 String 类型的数据,它将会被显示出来。

但是在模拟器的屏幕上还是什么都看不到,这是因为虽然我们创建了小部件,但没有挂载到屏幕上。在 main()方法中,没有执行任何内容。main()方法中需要运行一个特殊的方法,也是 material 包附带的,这个特殊方法是 runApp()。runApp()方法需要传递一个参数,这个参数必须是一个小部件。创建小部件 Myapp,代码如下:

```
// Chapter02/02-06/lib/main.dart
void main() {
runApp(Myapp());                       // 调用 runApp,并把 Myapp 小部件传递给 runApp
}
```

Myapp 中包含了 MaterialApp、Scaffold 等。可以尝试使用热加载运行模拟器,如果失败了,需要退出,然后单击"Start Without Debugging"来启动。这就是当前我们的 App,如图 2.12 所示。

图 2.12　成功启动 Flutter 应用

可以看到 AppBar 和 Scaffold 的白色背景,以及包含这一切的 MaterialApp 的小部件。

2.7 深入学习 Dart 语法

视频讲解

我们创建了一个非常简单的 Flutter 应用,在 main. dart 文件中调用 main()方法,然后调用 runApp()方法,在 runApp()方法中创建了一个我们 自己的类的对象,实际上是调用 Flutter 的 build()方法返回了一个小部件 树。我们用 Dart 语言编写了以上内容,例如导入语句、方法的语法、类等,这些都是用 Dart 编写的。Dart 实际上是一种强类型语言,意味着必须定义方法和变量的类型。这对开发者 来说是有帮助的,因为如果你输入一个错误的类型,IDE 会有错误的提示信息,在构建应用 过程中也会被发现。

build()方法返回了一个小部件,但是我们并没有声明返回类型,不过 IDE 也没提示报 错。这是因为 Dart 语言实际上已经根据 MaterialApp 小部件推测出会返回一个小部件。 为了使这段代码更清晰,我们需要在 build()方法前面加 Widget 这个类型,意味着 Widget 是我们期望的返回类型。如果把 return 返回的内容设置为 'hello',IDE 会给我们错误的提 示信息,显示返回类型错误。这样当保存代码的时候,代码不能被重新编译。所以在 build ()方法前,要改成返回一个小部件。代码如下:

```
Widget build(context) {            // build 方法返回类型是 Widget
…
}
```

添加返回类型可以避免出现错误。build()方法实际上是 StatelessWidget 中一个已经 定义的方法,我们可以在 build()方法的参数前面加一个类型,使代码更清晰,参数 context 的类型是 BuildContext,BuildContext 是 material 包中提供的另外一个类,代码如下:

```
Widget build(BuildContext context) {       //添加参数类型
…
}
```

这样我们可以很清楚地知道 context 是 BuildContext 的类型,确保我们在使用时不会 犯错。对 IDE 来说也很好,在 IDE 中我们可以通过 context 加点来获得提示和建议。

我们也可以给 main()方法加返回类型,main()方法没有返回任何内容,可以在前面加 void 类型,表示这个方法不会返回任何内容,代码如下:

```
void main() {                      //添加返回类型 void
runApp(Myapp());                   //运行 App
}
```

如果有返回值,IDE 会提示报错。现在的代码比之前更易读了,所以强烈建议使用类 型,类型是一个关键的特性,将在后面章节中经常使用它。

如果 main()方法中只有一行代码,有一个更简单的写法,代码如下:

```
void main() => runApp(Myapp());          // 方法体中只有一行代码的写法
```

build()方法实际上是 StatelessWidget 类中的方法,我们覆盖了它,所以我们需要在这里加一个注解,代码如下:

```
// Chapter02/02 - 07/lib/main.dart
@override                                 // 覆盖注解
Widget build(BuildContext context) {
…
}
```

添加@override 注解不是必须的,@override 可以告诉 Dart 和 Flutter,我们有意重写这个方法。加注解可以使代码变得好理解。现在代码变得更清晰了,下一节我们给这个应用加些其他的内容。

2.8 使用 Card 小部件和图片

视频讲解

现在应用中只有一个导航栏,Scaffold 是用来创建页面的,不仅可以在它上面创建 AppBar,还可以添加其他参数,把鼠标悬停在 Scaffold 上,会看到有一个参数 body,如图 2.13 所示。

```
              (new) Scaffold Scaffold({Key key, PreferredSizeWidget appBar, Widget body, Widget floating
              ActionButton, FloatingActionButtonLocation floatingActionButtonLocation, FloatingActionBut
class Myapp    tonAnimator floatingActionButtonAnimator, List<Widget> persistentFooterButtons, Widget dra
@override      wer, Widget endDrawer, Widget bottomNavigationBar, Widget bottomSheet, Color backgroundCol
Widget bui     or, bool resizeToAvoidBottomPadding, bool resizeToAvoidBottomInset, bool primary = true, D
return M       ragStartBehavior drawerDragStartBehavior = DragStartBehavior.start, bool extendBody = fals
theme:         e, Color drawerScrimColor, double drawerEdgeDragWidth})
prim
acce           package:flutter/src/material/scaffold.dart
brig
), // Creates a visual scaffold for material design widgets.
home: Scaffold(
  appBar: AppBar(
    title: Text('资讯标题'),
  ), // AppBar
  body: NewsManager(),
), // Scaffold
); // MaterialApp
}
}
```

图 2.13 Scaffold 中的参数 body

body 显示在 appBar 的下面,它也需要传递一个小部件。在 body:后面创建一个 Flutter 的小部件,也可以是自定义的小部件。自定义的小部件会形成 Flutter 附带的小部件树,但最终也会递归成 Flutter 附带的小部件,这是因为只有 Flutter 附带的小部件才能被转化为原生的 UI 组件。

在 body 里添加一个 Card 小部件，它也是 flutter/material 包中附带的。Card 中的内容突出显示，还略带阴影效果。同样它也需要传递一些参数，其中一个重要的参数是 child，child 同样也需要传递一个小部件。传递的小部件就是显示在卡片上的内容。

我们在卡片上加图片和图片下面的标题这两个元素，这里需要传入另外一个小部件，它也是 Flutter 附带的，即 Column 小部件。它同样需要传入参数，其中一个参数叫 children，和 child 不同，child 只需传一个小部件，children 需要传入多个小部件并上下排列。代码如下：

```
// Chapter02/02 - 08/lib/main.dart
body: Card(                          // 创建 Card 小部件
    child: Column(                   // 给 Card 中的参数 child 赋值
      children: <Widget>[],          // children 可以传入多个小部件
    ),
  ),
```

用<>括起来的写法叫泛型，是数组的一个附加注解，使我们更清楚地知道这个数组只能包含小部件。[]括起来的是数组，可以传入一组数据而不仅仅是一个数据，例如 Column、Card、AppBar、Text、Scaffold 等。这里可以添加两个小部件，以逗号分隔。一个是小部件 Image，它也是包 flutter/material 附带的；另一个是 Text 小部件，并传入一个字符串'news1'。代码如下：

```
// Chapter02/02 - 08/lib/main.dart
…
children: <Widget>[
    Image(),                         // Image 小部件
    Text('news1')                    // 文本 Text 小部件
    ]
…
```

Image 需要传入一张图片，在项目中创建一个目录，命名为 assets，用它来保存静态资源。我们可以任意找一张图片，并重命名为 news1.jpg，然后把它拖放到 assets 这个目录下。要显示这张图片，把它放到这个目录下还不够，我们需要在 pubspec.yaml 这个文件中配置访问图片的路径。访问的文件是 assets 下面的 news1.jpg，如图 2.14 所示。

现在就可以在项目中使用这张图片了。在 main.dart 中，可以使用 Image 小部件特别的构造器来创建，Image 小部件和括号之间加.asset，代码如下：

```
Image.asset('assets/news1.jpg'),        // Image 小部件显示图片
```

Image 将加载已经配置好的资源，参数是资源的路径，类型是 String。保存后，图片将会被加载到 App 上，如图 2.15 所示。

图片和图片下面的标题分布在 Card 上面，占据了整个 Card 的宽和高，可以看到底部略带阴影，但是我们希望构建更多的内容来形成小部件树。接下来我们学习更多的核心小部件。

```
flutter:

  # The following line ensures that the Material Icons font is
  # included with your application, so that you can use the icons in
  # the material Icons class.
  uses-material-design: true

  # To add assets to your application, add an assets section, like this:
  assets:
    - assets/news1.jpg
  #   - images/a_dot_ham.jpeg
```

图 2.14　配置图片路径

图 2.15　图片在 App 上显示的效果

2.9　官方文档及使用按钮 RaisedButton

Flutter 官网上提供了很多内容，用浏览器访问 flutter.dev，单击"Get started"按钮，如图 2.16 所示。

视频讲解

图 2.16 Flutter 官网

在左侧找到 Widget catalog，单击此链接，如图 2.17 所示，可以看到 Flutter 自带的所有小部件，而且它们被分类了。

图 2.17 Flutter 中的小部件

最重要的一个分类是 Basics 小部件，还有一个很重的分类是 Material Components 小部件。Material Components 中包含 AppBar、按钮、输入框、对话框、Card 等。Basics 小部件包含行、列、Container、Text、Image 小部件，可以单击小部件上的链接了解更多的内容，例如小部件的构造器，有的还有一些关于小部件的示例代码。这些小部件看起来很多，不用担心,我们将在本书中使用大量的小部件,一切都会变得更加清晰。

　　知道怎么找到这些小部件了,现在可以继续丰富 App 的功能了。当前的 App 只是显示了 Card,它占据了整个空间,这种效果并不是我们想要的。现在修改它,添加更多的 Card来展示一列 Card。

　　可以使用 Column 小部件,并给参数 children 传值,然后把 Card 添加到数组[]中,代码如下:

```
// Chapter02/02-09/lib/main.dart
…
body: Column(                              // 把 Card 放到列中
  children: < Widget >[                    // 赋值 children 参数
    Card(                                  // Card 小部件
      child: Column(
        children: < Widget >[
Image.asset('assets/news1.jpg'),           // 显示的图片
          Text('news1')                    // 显示的文字
        ],
      ),
    ),
  ],
),
…
```

重启后会发现 Card 底部有一个边了,如图 2.18 所示。

图 2.18　Card 显示在列中

现在可以加更多的 Card 了。同时需要在 Card 所在的列上面添加一个按钮,可以添加 RaisedButton 小部件。它是一个带有背景的按钮,按钮也需要配置一下,最重要的一个参数是 child,它用来定义这个按钮内部显示,可以传入 Text 小部件,也可以传入一个图标。这里使用 Text,Text 的内容是'添加资讯'。这里还需要传入另外一个参数 onPressed。值应该是一个方法,所以这里可以简单定义一个空的方法,这个叫匿名方法,没有名称,只有参数列表和方法体。现在都是空的,所以单击按钮不会执行任何内容。代码如下:

```
// Chapter02/02-09/lib/main.dart
…
children: <Widget>[                      // 列中的参数 children
RaisedButton(                            // 带背景的按钮
    child: Text('添加资讯'),             // 按钮上的文字
    onPressed: () {},                    // 按钮的单击事件
  ),
Card(
…
```

保存并重新加载,会发现屏幕顶部有一个按钮可以单击,但没有任何反应。这个按钮显示得并不美观,可以用 Container 小部件把它包装起来。Container 小部件中 child 参数的值就是按钮。Container 小部件有一个参数叫 margin,表示 Container 与四周的外边距。margin 参数可以使用 flutter/material 包中的类 EdgeInsets 来赋值,这个类可以使用.all 来调用构造器,传入一个浮点类型来定义四周边界的距离,例如 10.0 像素。代码如下:

```
// Chapter02/02-09/lib/main.dart
…
Container(
  margin: EdgeInsets.all(10.0),          // 按钮四周的外边距为 10.0 像素
  child: RaisedButton(
…
```

这个像素会自动适配设备的像素,现在我们可以看见按钮周围产生了边距,但这个按钮没有任何功能,下一节让我们将给这个按钮加些功能!

2.10　创建 StatefulWidget 小部件

现在单击应用中的按钮没有任何反应,因为监听方法是空的,这个按钮应该具有添加更多 Card 小部件的功能。那么怎样再添加更多的 Card 呢?还有个问题是怎样通过单击按钮来添加 Card 小部件呢?

视频讲解

在按钮的监听方法中,我们想改变一些数据,然后动态地添加到卡片的列表中。我们需要管理一组数据,例如从服务器获得的数据,后边的章节将会介绍。

首先确认 build()方法什么时候被调用,build()方法会在应用第一次加载的时候被

Flutter 调用,或者当数据发生改变的时候也会被调用。可以在 onPressed 监听的方法中管理这组数据,每次单击按钮时都要改变这组 Card。StatelessWidget 满足不了了这个需求,因为它是一个很简单的小部件,StatelessWidget 可以接收外部的数据,然后简单地调用 build()方法,构建一个小部件树,它没办法管理内部数据。如果内部数据发生变化,也不能重新调用 build()方法,因为 StatelessWidget 不能管理内部数据。StatelessWidget 只能在第一次被创建的时候调用 build()方法,或者是接收到某些外部数据发生变化时,它会调用 build()方法,所以现在不能使用 StatelessWidget。我们需要使用 StatefulWidget,State 可以被简单地理解为数据,可以使用存储在小部件中的数据,同时也可以改变这些数据。当我们改成 StatefulWidget 后会有一个错误提示,显示缺少方法 createState(),如图 2.19 所示。

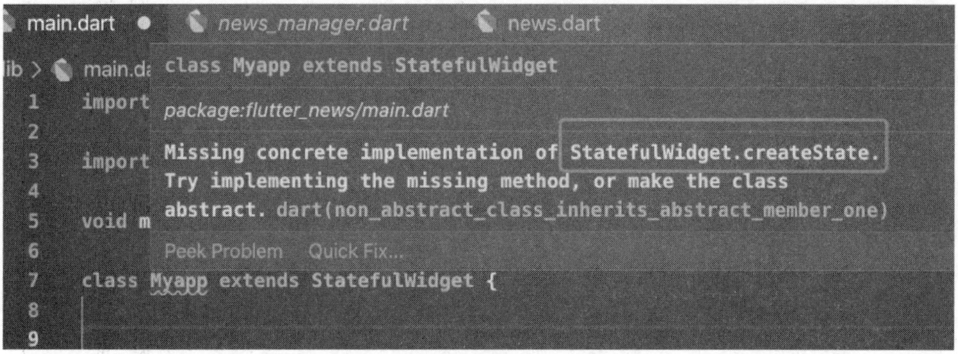

图 2.19 缺少方法 createState()

createState()方法是必须要创建的,现在我们把这个类用大括号结束,代码如下:

```
class Myapp extends StatefulWidget {        //使用有状态的小部件
}
```

在 Myapp 类中输入 createState()方法,Visual Studio Code 会给提示,单击回车键,代码如下:

```
// Chapter02/02-10/lib/main.dart
@override
State < StatefulWidget > createState() {       // 创建一个状态对象
  // TODO: implement createState
  return null;                                 // 返回一个有状态的小部件
}
```

createState()方法返回一个有状态的小部件对象,<>是泛型,State 这个类是属于 flutter/material 包。这个状态对象应该属于 Myapp。实际上需要创建两个类来一起工作, createState()方法需要返回一个新的 State 对象,然后把这个对象配置给 Myapp。还需要创建第二个类,可以写成_MyappState,类名中的下画线是一种约定,表示它不能被其他文件使用,只能在这个文件中使用。后面的内容可能会使用多个文件,可以把 Myapp 引入到文件中并使用它,但是不可以使用_MyappState,然后输入 extends,因为 State 这个对象是属于 Flutter 的,需要覆盖 build()方法,这是因为 State 这个类中也有 build()方法。现在我们只需要告诉 Flutter,这个状态类是属于 Myapp 这个小部件的,需要在<>中加上 Myapp,表明这个 State 属于谁,这样这两个类的关系就创建起来了。Myapp 需要返回_MyappState 对象,所以把_MyappState()返回。代码如下:

```
// Chapter02/02-10/lib/main.dart
class Myapp extends StatefulWidget {          // 有状态的小部件 Myapp
  @override
  State<StatefulWidget> createState() {       // 创建状态方法
    return _MyappState();                     // 返回状态对象
  }
}

class _MyappState extends State<Myapp>{       // 创建状态类
  @override
  Widget build(BuildContext context) {        // 覆盖 build()方法
    return null;
  }
}
```

类 Myapp 创建了一个 State 对象,这个对象包含 build()方法,Flutter 内部会调用 build()方法,这就是 StatefulWidget 的使用方法。那么怎么去使用 StatefulWidget 改变这组 Card 呢? 下一节我们将详细讲解。

2.11　在 StatefulWidget 中管理数据

视频讲解

我们已经创建了一个 StatefulWidget 小部件,但问题是怎样去管理和改变它内部的数据,可以用一个很简单的方式去实现它。在_MyappState 中添加一个属性 news,代码如下:

```
List<String> news = [];                    // 字符串类型的数组
```

news 是一个 String 类型的数组,因为 Dart 是强类型语言,所以需要在 news 的前面加类型 List,这是 Dart 中的类型,表示数组。List 可以添加泛型,这里是 String 泛型,表示这个数组中的内容都是 String 类型的,这就是_MyappState 的属性。但数组是空的,下面我们给数组赋值,在中括号中输入第一条资讯'first',代码如下:

```
List<String> news = ['first'];             // 给数组添加一条资讯
```

现在需要把数组转换到 Card 列表中并渲染到屏幕上,使用属性时不可以使用 this,可以直接引用它。

这里需要调用数组的一个方法,在 news 后加点,有一个叫 map()的方法,它允许将列表中的每一个元素转换为新元素并将其返回。

我们将在 Column 中的 children 参数列表返回一个新值，map 中需要传入一个方法参数来编写转化逻辑，方法将接收一个元素，这里你可以使用等号加箭头来定义每个元素都发生了什么，代码如下：

```
// Chapter02/02-11/lib/main.dart
@override
Widget build(BuildContext context) {        //_MyappState 类中的 build()方法
  return Column(                             // 返回的列
    children: news
      .map(                                  // 调用数组的 map()方法转化
        (element) => Card(                   // 遍历 news 中的数据转化成 Card
          child: Column(                     // Card 中的列表
            children: <Widget>[
Image.asset('assets/news1.jpg'),            // Card 中的图片
              Text(element)                  // 图片下面的标题
            ],
          ),
        ),
      )
      .toList(),                             // 遍历后转化成列表
  );
}
```

我们需要根据元素创建 Card，所以遍历 news 中的每一个元素，然后把它转化成 Card。把 Text 小部件中的内容直接替换成被遍历的元素，因为它们都是 String 类型的数据。

有一点需要注意，需要把被遍历的元素 element 用小括号括起来，因为它是一个参数，因为只有一句代码，所以我们可以用=>这种方式编写。虽然跨越了几行代码也是一句代码。map()方法遍历后返回的是一个 Iterable 类型的数据，但是 Column 需要的是小部件数组，所以需要把 map()方法遍历后的结果转化成 List 类型，我们可以通过调用 tolist()方法来实现。下一节我们将学习使用按钮添加更多的 Card。

2.12 在 StatefulWidget 小部件中添加数据

视频讲解

触发按钮的单击事件能做一些事情，这里单击按钮需要改变 news 这个列表数据。当数据发生变化时，build()方法将会再次被执行，此时它将使用的是更新后的 news 数组列表，进而更新 Card 并渲染到屏幕上。

理论上，如果增加 news 数组列表中的数据，将会获得更多的 Card，所以在按钮单击事件这里可以给 news 数组列表添加新的值。因为 news 数组列表是一个字符串列表，所以可以添加一个新的字符串'second'，代码如下：

```
// Chapter02/02-12/lib/main.dart
```

```
RaisedButton(
    child: Text('添加资讯'),
    onPressed: () {
    news.add('second');                    // 单击按钮后给 news 数组添加数据
    },
    ),
```

保存后,单击按钮却什么都没有发生。实际上我们改变了 news,可以在这里打印出来,代码如下:

```
// Chapter02/02 - 12/lib/main.dart
    onPressed: () {
    news.add('second');                    // 添加一条资讯
    print(news);                           // 打印 news 列表
},
```

这只是一个 debug 方法,Visual Studio Code 在底部的控制台会打印出日志,单击按钮,控制台已经打印出来 first 和 second 了,如图 2.20 所示。

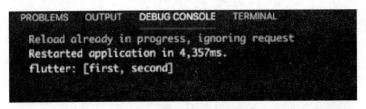

图 2.20　打印 news 数组

但是我们只看见一个 Card,这是因为我们在这里改变了数据,但是 Flutter 识别不出来,默认 Flutter 只关注属性这里的数据,当属性数据发生变化时,必须告诉 Flutter 在 StatefulWidget 中已改变了属性数据。

要实现这样的效果需要调用一个特殊的方法 setState(),它是 Flutter 包提供的,需要接收一个方法参数,在这个方法中编写改变数据的方法,然后重新渲染 App。这里添加 news 的数据,代码如下:

```
// Chapter02/02 - 12/lib/main.dart
onPressed: () {
setState(() {                             // 调用 setState()告诉 Flutter 已改变了属性数据
news.add('second');                       // 添加一条资讯
  });
  print(news);                            // 打印 news 数组中的内容
}
```

保存一下,单击按钮会看到第二个卡片出现了。

下一节我们再创建一个 StatelessWidget,看看小部件之间如何交互。

2.13 把小部件拆分到单独的文件中

视频讲解

我们已经学习了很多基础的小部件,那么怎样建立小部件之间的联系呢?在编写 Flutter 应用的过程中,需要经常做的一件事就是拆分代码并封装。不可以把所有的代码都放在一个根的小部件中,就像 Myapp 这个 StatefulWidget 小部件一样。我们可以把应用拆分成多个细粒度的小部件,并把它们分发到多个文件中,这样可以使每个小部件和文件都易读,也容易维护。怎样拆分呢?

我们使用 StatefulWidget 来管理 Card 小部件和 news 数组,如果仔细观察可以看到 StatefulWidget 是从这个列小部件开始渲染 Card 的,其他的小部件如 MaterialApp、Scaffold、AppBar 还有 RaisedButton,它们都不会改变。RaisedButton 按钮是触发改变状态的部分,但也可以把这个按钮拆分出来。

首先我们把 Card 列表拆分出来。创建一个新的文件,命名为 news.dart,可以随意命名,但按照惯例文件名全部小写,如果有多个单词的话,用下画线分隔。文件格式是 dart。在这个文件中渲染资讯列表,可以把 Card 列表所在的列小部件复制到 news.dart 文件中。在 news.dart 文件中创建一个类 News。现在需要扩展来自 Flutter 中的类,我们需要在每一个文件中添加 import,代码如下所示:

```
import 'package:flutter/material.dart';   //引入 material 包
```

因为每一个文件都是独立的。在 main.dart 中引入的 material 包不会在这里生效,所以这里需要引入 flutter/material 包,然后创建一个小部件,并复制 Column 的逻辑放到这个小部件中,现在的问题是这里需要继承一个有状态的小部件还是无状态的小部件呢?两种方式都可以,但最好在这里使用无状态的小部件,这列 Card 是需要改变的,为什么使用无状态的小部件呢?因为数据的变化实际上是发生在其他的地方。News 小部件接收一组 news 数据,这组 news 数据可能被改变,但是它是在我们创建的 News 小部件之外被改变的。在 News 小部件中添加一个 build()方法,使用 Visual Studio Code 的提示创建,代码如下:

```
// Chapter02/02 - 13/lib/news.dart
class News extends StatelessWidget {          // 无状态小部件
  @override
  Widget build(BuildContext context) {        // 创建 build()方法
    // TODO: implement build
    return null;                              // build()方法的返回值
  }
}
```

把复制 Column 的逻辑放到 return 后面,代码如下:

```
// Chapter02/02 - 13/lib/news.dart
@override
```

```
Widget build(BuildContext context) {          // News 类中的 build 方法
  return Column(                               // 返回的列
    children: news                             
      .map(                                    // 调用数组的 map 方法转化
        (element) => Card(                     // 遍历 news 中的数据转化成 Card
          child: Column(                       // Card 中的列表
            children: <Widget>[
Image.asset('assets/news1.jpg'),               // Card 中的图片
              Text(element)                    // 图片下面的标题
            ],
          ),
        ),
      )
      .toList(),                               // 遍历后转化成列表
  );
}
```

IDE 提示这个 news 不存在,怎样把 news 数组传到 News 这个小部件中呢? 可以从外部传入数据,然后就可以在 News 小部件中使用传入的数据了。我们可以通过构造器来实现,创建一个构造器,输入类名,小括号,大括号,代码如下:

```
News(){}                                       // News 小部件的构造器
```

构造器在小部件创建的时候就会被调用,构造器还有其他的特性,现在用到的一个特性是接收数据 news 数组,再可以给构造器命名一个参数 news,参数名可以任意命名,然后把传进来的 news 存储到 News 类的属性中,所以需要在类中添加一个属性,代码如下:

```
class News extends StatelessWidget {           // News 无状态小部件
List<String> news;                             // 添加 news 属性
…
```

news 属性的类型是字符串型的数组,它不能改变,也没有初始化。现在把构造器中的 news 存储到这个属性 news 当中。Dart 语言提供了一个方便的快捷方式,在这里输入 this. news,会自动获取传入的参数,并将其存储在具有相同名称的属性中,这里需要在构造器后面加分号,代码如下:

```
// Chapter02/02 – 13/lib/news.dart
class News extends StatelessWidget {           // News 无状态小部件
    List<String> news;                         // 添加 news 属性
    News(this.news);                           // News 的构造器
…
```

这样就可以通过构造器将数据传递到属性中了。类 News 下面有一个波浪线,提示类中的所有内容都是不可变的,如图 2.21 所示。

因为创建的是 StatelessWidget,无论怎样它都不能对变化做出反应,所以必须标注属

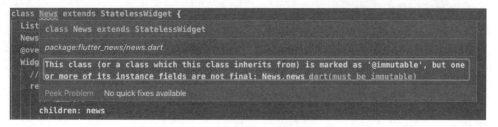

图 2.21 类 News 的提示信息

性不可以改变,在属性前面加一个特殊的关键字 final,代码如下:

```
final List<String> news;                    // 属性不能改变
```

这是 Dart 的一个特性,它告诉 Flutter 属性 news 将永远不会改变。从构造器获得的值初始化后属性 news 将永远不会改变。也可以不加这个 final,加上它是为了更清楚这是一个仅从外部设置的值,如果有新的值从外部传进来,它只是简单地替换之前的值,只是替换,不会改变,然后再使用替换的这个值调用 build()方法。

2.14 使用自定义小部件

视频讲解

在 main.dart 文件中,已经删除了渲染 Card 的代码,再删除 Container 中的按钮,并将其放入到自己创建的小部件中。创建一个新的文件 news_manager.dart,用它管理 News 小部件。首先引入 flutter/material 包,创建类 NewsManager 继承 StatefulWidget,因为在 NewsManager 中需要管理 news 数据。StatefulWidget 需要创建 createState()方法,我们可以通过 IDE 的提示来创建,同时需要添加第二类 _NewsManagerState 继承 State,泛型连接到 NewsManager,并且在 _NewsManagerState 中需要创建 build()方法,在 build()方法中需要返回的是按钮和 Card 列表。代码如下:

```
// Chapter02/02-14/lib/news_manager.dart
import 'package:flutter/material.dart';      // 引入 material 包
class NewsManager extends StatefulWidget {   // 有状态小部件
  @override
  State<StatefulWidget> createState() {      // 创建 createState
return _NewsManagerState();                  // 返回状态类
  }
}
class _NewsManagerState extends State<NewsManager> {
List<String> news = ['first'];               // news 资讯数据
  @override
  Widget build(BuildContext context) {       // 创建 build()方法
    return Container(                         // 给按钮加边距
```

```
          margin: EdgeInsets.all(10.0),           // 外边距为 10.0 像素
          child: RaisedButton(                     // 按钮小部件
            child: Text('添加资讯'),                 // 按钮上的文字
onPressed: () {                                     // 按钮的单击事件
news.add('second');                                // 添加 news 数据
          },
        ),
    );
  }
}
```

现在缺少 News 小部件，需要在按钮下面显示 News 小部件。所以 build()方法需要返回一个 Column，并给参数 children 赋值，其中一个是包装按钮的小部件 Container，另一个是在 2.13 节中的 News 小部件。现在不可用，因为还没有引入，引入 News 小部件的代码如下：

```
import './news.dart';                              //引入 News 小部件
```

点代表当前目录，点点代表上一级目录，这里只是在当前目录，所以使用./news. dart。下面就可以使用 News 小部件了，News 需要传入一个参数，所以把 news 数组传入。代码如下：

```
// Chapter02/02 – 14/lib/news_manager.dart
@override
  Widget build(BuildContext context) {             // 创建 build()方法
    return Column(                                 // 创建列小部件
      children: < Widget >[                         // 列小部件中的数组
        Container(                                  // 按钮容器
          margin: EdgeInsets.all(10.0),            // 按钮的外边距为 10.0 像素
          child: RaisedButton(                      // 按钮小部件
            child: Text('添加资讯'),                  // 按钮上的文字
onPressed: () {                                      // 按钮的单击事件
setState(() {                                        // 单击按钮改变状态
news.add('second');                                 // 给 news 数据添加数据
            });
          },
        ),
      ),
      News(news)                                    // 创建 News 小部件
    ],
  );
}
```

通过 setState 改变 news 数据，并再次调用 build()方法渲染，同时也会渲染这里的 News 小部件，它被传入了更新后的 news 数组列表，这将导致在 News 小部件中再次调用

build()方法,这就是我们的 NewsManager 小部件。

　　下面在 main.dart 文件中使用 NewsManager 小部件。在 main.dart 中我们不需要处理任何状态,所以可以把 StatefulWidget 改成 StatelessWidget,删除 createState()方法,只需要覆盖 build()方法,body 中不再是一个 Column,而是 NewsManager 小部件,所以引入 news_manager.dart,代码如下:

```
import './news_manager.dart';                    // 引入文件,使用 NewsManager 小部件
```

创建一个 NewsManager 小部件对象,代码如下:

```
// Chapter02/02 - 14/lib/main.dart
class Myapp extends StatelessWidget {            // 继承 StatelessWidget
  @override
  Widget build(BuildContext context) {           // 创建 build()方法
    return MaterialApp(                          // MaterialApp 跟小部件
      home: Scaffold(                            // Scaffold 页面
appBar: AppBar(                                   // AppBar 小部件
        title: Text('资讯标题'),                  // 页面上的标题
      ),
      body: NewsManager(),                        // 创建 NewsManager 小部件
    ),
  );
  }
}
```

　　现在应用代码的结构更清晰,包含多个文件,多个小部件,并且小部件可以复用,也使代码更容易管理,因为每一个文件的内容都不多,而且容易理解。

2.15　给 StatefulWidget 传递参数

　　StatelessWidget 怎样从外部接收数据呢? 在 NewsManager 小部件中,数组中的 first 使用的是硬编码。现在我们想从外部获得 NewsManager 的初始化数据,可以在 main.dart 中给 NewsManager 小部件传数据。可以像 News 小部件那样通过参数传递数据,然后通过构造器方法接收数据。在 NewsManager 中也可以这样做。在 NewsManager 添加构造器、类名括号,代码如下:

视频讲解

```
// Chapter02/02 - 15/lib/news_manager.dart
class NewsManager extends StatefulWidget {
  final String startingNews;                     // 接收外部参数的属性
NewsManager(this.startingNews) ;                 // 创建构造器
```

　　构造器现在可以接收一个参数 startingNews,同样使用了 this 加点这种快捷方式来赋值。加上 final 表示 startingNews 是从外部获取的,改变 startingNews 的唯一办法是在它

的父级小部件中重新创建 NewsManager 小部件,这个过程会传入一个新值给 startingNews,然后 NewsManager 的属性会重新被赋值。

现在的问题是如何使用 startingNews,我们在 NewsManager 中获取到这个值了,但是需要在_NewsManagerState 中使用它。现在你可能会有一个想法,通过构造器把这个值传入到_NewsManagerState 中,然后保存。这样做没问题,但是非常麻烦,这不是一个好方法。Flutter 提供了一个非常有用的关键字 widget,它允许你访问这个状态对应的小部件中的所有属性。因为之前了解到 NewsManager 和_NewsManagerState 是连接在一起的。Flutter 为我们做了一些幕后工作,通过关键字 widget 可以访问连接的小部件的属性,例如这里的 NewsManager 类中的 startingNews。

注意不可以在类中初始化属性,只能在_NewsManagerState 类的方法中使用 widget 获取 NewsManager 的属性。Flutter 中的 State 类允许实现一些特别的方法,例如 initState() 方法,输入 initState 时 IDE 会有提示。initState() 是一个覆盖的方法。代码如下:

```
// Chapter02/02-15/lib/news_manager.dart
@override
  void initState() {                    // 覆盖 State 中的 initState()方法
news.add(widget.startingNews);          // 在 initState()方法中使用 widget
super.initState();                      // 调用父类 State 中的 initState()
  }
```

super 代表扩展的基类,这里代表 State 类,super. initState();这样写保证在基类中 initState()方法会被调用,所以不可以删除它。State 类创建的时候会调用 initState()初始化方法。可以认为是在 NewsManager 小部件第一次显示在屏幕上时 initState()方法被调用,所以这里可以使用 news. add(widget. startingNews);表示使用了 NewsManager 中的 startingNews 了,并把它添加到 news 数组中。因为 initState()方法在_NewsManagerState 创建时被执行,所以在第一次运行_NewsManagerState 中的 build()方法时,初始化方法 initState()已经被执行了。

在 main. dart 文件中给 NewsManager 传递值,例如 first,代码如下:

```
body: NewsManager('first'),//创建 NewsManager 并传值 first
```

保存,重启会发现 first 这条资讯显示到模拟器上了,这意味着逻辑生效了,如图 2.22 所示。

图 2.22　模拟器显示结果

2.16　深入学习生命周期

视频讲解

这节我们学习生命周期，首先有两种不同的小部件，分别是 StatelessWidget 和 StatefulWidget。StatelessWidget 是无状态小部件，可以在 UI 上渲染内容，也可以给它传数据。在 App 中 News 是无状态小部件。我们通过 NewsManager 小部件给 News 传入数据并让它发生改变，然后渲染到屏幕上。

StatefulWidget 是有状态的小部件，可以用它渲染 UI、从外部接收数据，同时还可以改变小部件中的内部数据，然后重新渲染。所以改变外部传入的数据和改变内部的状态数据都可以重新渲染 UI，如图 2.23 所示。

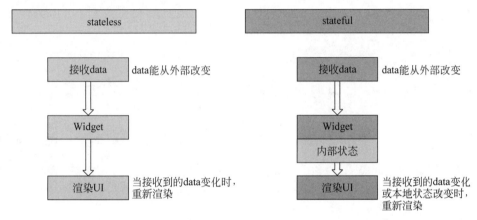

图 2.23　有状态小部件和无状态小部件的重新渲染方式对比

小部件有生命周期，StatelessWidget 和 StatefulWidget 生命周期不同。生命周期代表 Flutter 执行小部件类中的方法的过程。StatelessWidget 有构造器方法和 build()方法，这两个方法只有 StatelessWidget 在生命的周期中时才会被调用。当外部的数据变化时，build()方法被再次执行。

StatefulWidget 同样也有构造器方法，在调用 build()方法之前调用 initState()方法，initState()方法只调一次。同时可以在 build()方法中调用 setState()方法，确切地说是当某些事情发生变化的时候会调用它，例如单击按钮等。

当传给 StatefulWidget 的外部数据发生变化时，会调用 didUpdateWidget()方法。例如在上一节中，如果传入的 startingNews 发生了改变，先调用了 didUpdateWidget()方法，再调用了 build()方法，由此可见 StatefulWidget 的生命周期比较复杂，如图 2.24 所示。

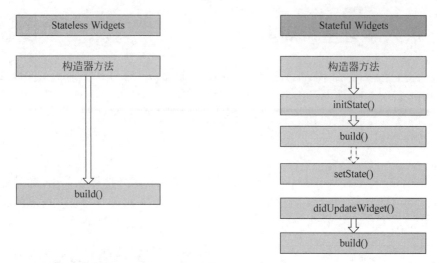

图 2.24　小部件的生命周期

2.17　深入学习 Google 的 Material Design 设计体系

　　小部件使用了 Material Design 设计体系，Material Design 看起来如图 2.25 所示。

　　谷歌的手机应用和 Web 应用经常使用 Material Design，它是由谷歌开发的，可以被自定义，如改变它的颜色等。Material Design 在 iOS 上表现也很好。

视频讲解

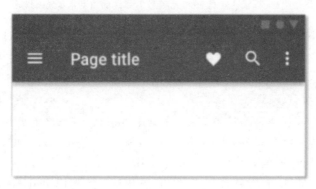

图 2.25　Material Design

　　第 1 章我们提到过 Material Design 已经植入到 Flutter 中了，所以可以直接使用 Material Design 来设计。可以拿来即用，不需要任何设计工作。我们可以调节主题，在 main. dat 文件中给 MaterialApp 添加参数 theme，theme 的参数值为 ThemeData 对象，ThemeData 也是来自 flutter/material 包，ThemeData 需要传入一组颜色或样式的数据，代码如下：

```
// Chapter02/02-17/lib/main.dart
  return MaterialApp(
  theme: ThemeData(
primaryColor: Colors.deepOrange,              // 定义主题颜色
accentColor: Colors.deepOrange,               // 定义访问演示
        brightness: Brightness.light,         // 定义应用主题
    ),
…
```

Colors 定义颜色，颜色是一组静态变量，可以通过加点来调用，例如 Colors. deepOrange。保存一下，在模拟器中会发现标题栏的颜色发生了变化。

如果通过主题设置按钮的颜色，可以在 NewsManager 中设置按钮的 color 属性，代码如下：

```
// Chapter02/02-17/lib/news_manager.dart
…
child: RaisedButton(                       // 添加资讯 Card 的按钮
color: Theme.of(context).primaryColor,     // 用主题设置按钮的颜色
    child: Text('添加资讯'),                 // 按钮上的文字
…
```

Flutter 提供一个特殊对象 Theme，可调用 of()方法，并传递一个 context 参数，context 中保存着元数据信息，例如我们 App 的主题，然后调用 primaryColor，保存后，按钮变成了橙色。

2.18　Dart 语言特性及位置参数与可选参数

上一节主题使用的是静态变量，那么什么是静态变量？按住 Ctrl 单击颜色，进入 Colors 这个类的文件中，可以看到静态变量是如何定义的，代码如下：

```
static const MaterialColordeepOrange = MaterialColor(   //静态变量
   …
```

const 表示这个值不可以改变，这样不需要用构造器就可调用它们。

现在学习命名参数，在之前的构造器中，我们只使用了位置参数，例如 NewsManager 构造器中的 this.startingNews 是位置参数，因为它是第一个被传入的值。如果只需使用一两个参数，位置参数就足够用了。如果需要使用很多参数，并且希望按名字定位它们，或者不想为其中的某些参数赋值，可以在构造器的参数这里加上大括号，代码如下：

```
NewsManager({this.startingNews});              //命名参数
```

这就是一个命名参数。现在可以给这个目标传入一个值，输入 startingNews：代码如下：

```
body: NewsManager(startingNews: 'first',),    //使用命名参数
```

这样就定位到了名字叫 startingNews 的参数，因为这里选择了名字，然后把值传给了它。我们也可以通过构造器设置一个默认的值，代码如下：

```
NewsManager({this.startingNews = 'third'});//命名参数设置了默认值
```

这样可以省略传值。我们也可以给位置参数设置一些可选参数，例如在 News 小部件中，以一个空的数组开始，代码如下：

```
News([this.news = const []]){                 //可选参数，并赋值
  }
```

中括号表示参数是可选的，const 表示它是不可以改变的。这样意味着在 NewsManager 中可以不传入 news 这个参数。

2.19　Flutter 中解除状态的特性

现在深入研究一些高级特性，首先新建文件 news_control. dart，在 NewsManager 中找到添加按纽，把这个按钮拆分成小部件，放到 news_control. dart 文件中。在 news_control. dart 中引入 flutter/material 包，创建 NewsControl 小部件，此时它是有状态的还是无状态的？它应该是一个无状态的，因为这里只显示一个按钮，不需要接收任何外部数据，只是渲染一个静态按钮，所以这是一个不需要改变的小部件。

接下来添加 build()方法，返回按钮对应的小部件，代码如下：

```
// Chapter02/02-19/lib/news_control.dart
return Container(
    margin: EdgeInsets.all(10.0),              // 按钮的边距
    child: RaisedButton(                       // 按钮小部件
      color: Theme.of(context).primaryColor,// 按钮的颜色
      child: Text('添加资讯'),                   // 按钮上的文字
onPressed: () {                                // 按钮的单击事件
        …
      },
    ),
  );
```

显然这里不能使用 setState()方法。我们希望在 NewsManager 中管理 news 数据，所以 NewsManager 是有状态的小部件。NewsManager 是 NewsControl 小部件和 News 小部

件的纽带。解除状态的概念是什么？解除状态是在一个小部件中管理状态，这个小部件可以访问所有其他的小部件，NewsManager 是连接小部件，它可以触及状态的变化。

　　现在的问题是怎样把 NewsControl 中的按钮单击事件传递给 NewsManager，然后让NewsManager 调用 setState()方法。首先在_NewsManagerState 类中创建一个方法，代码如下：

```
// Chapter02/02-19/lib/news_manager.dart
void _addNews(String _news) {          // 添加资讯方法
setState(() {                          // 调用 setState()方法
news.add(_news);                       // 添加一条资讯
    });
  }
```

　　_addNews()方法返回值为空，以下画线开始，表明这个方法只会在这个文件中使用，_addNews()方法需要一个新的 news 作为参数，类型是 String。

　　现在的问题是怎样通过单击按钮来调用这个_addNews()方法？按钮在另外一个小部件中，这里就涉及解除状态的概念，解除状态是把所有跟状态有关系的小部件的状态提取出来，放到一个有状态的小部件中，然后再通过这个有状态的小部件控制所有被提取状态的小部件。

　　被提取状态的小部件 NewsControl 需要访问 NewsManager 中的_addNews()方法，在NewsManager 中，可以将引用传递给具有访问权限的小部件，所以可以把_addNews()作为一个参数传递给 NewsControl。请注意这里不是执行，所以不能加小括号，代码如下：

```
NewsControl(_addNews)                  //传递方法的引用
```

　　如果_addNews 后加小括号，表示当调用 build()方法时，会直接调用_addNews()方法，那么这个_addNews()方法只会传递给 NewsControl 一个 void 值。这里不应该传递一个返回值，而应该是_addNews()这个方法的引用，即传递了这个方法的地址给 NewsControl。在 NewsControl 中，把方法参数写到构造器里，代码如下：

```
// Chapter02/02-19/lib/news_control.dart
class NewsControl extends StatelessWidget{    // NewsControl 小部件
Function addNews;                             // 定义方法属性
NewsControl(this.addNews);                    // 在构造器中接收方法引用
```

　　NewsControl 构造器接收方法引用，然后保存到 NewsControl 的方法属性中，Function在 Dart 语言中是一个单独的类型，它表示这个属性可以存储方法的引用，在参数中输入this.addNews，确保构造中接收到的内容参数会被绑定到这个方法属性中。

　　这样 NewsControl 就可以访问 NewsManager 小部件中的方法了，即使在 NewsControl 小部件中没有定义_addNews()方法。

2.20　理解 Dart 语言中的 final 和 const

视频讲解

在结束本章之前，有一个重要的关于 Dart 语言的基础概念，这与
Flutter 无关，只是关于 Dart 语言。代码如下：

```
final List < String > news = [];                 // NewsManager 中的数据 news
```

final 表示属性是不可以修改的，不可以设置一个新的值，List < String >是引用类型，表
示可以编辑一个存在的数组，而不是在创建一个新的数组。所以 news. add('first') 不会把
新的对象赋值给 news。这跟数字不一样，如果定义一个数字 age＝12，在 setState( ) 方法
中，改成 age＝29，会得到一个警告，显示不能修改 age，这是因为我们通过等号给 age 重新
赋值了，但在 news 这里我们没有使用等号。数组和对象是引用类型，final List < String >
news ＝ [ ]表示保存了 news 的引用，即使用 final 修饰，调用 news 的任何方法都是没问题
的，可以改变它内部的数据，但是不可以给它重新赋值。所以在 final int age＝12 赋值后，可
以调用 age 的 round( )方法。

final 修饰的属性不可以使用等号给它重新赋值，但可以调用它的内部方法。还有一个
关键字 const，使用 const 修饰的属性表示它是常量，并且这个属性永久不变，也不可以调用
属性的内部方法。

2.21　总　结

视频讲解

本章我们学习了有关 Flutter 的很多基本概念，大家要牢记 Flutter 中
一切都是小部件。我们学习了根小部件 MaterialApp、页面小部件
Scaffold、Scaffold 的参数 body 中又包含了其他小部件，例如列、图片、文字
等。有一些小部件只是获取外部数据，例如 StatelessWidget。StatelessWidget 也可以不获
取外部数据，只是静态地显示小部件树。我们还学习了 StatefulWidget，它可以从外部接收
数据，也可以通过调用 setState( )方法改变内部数据，然后再次调用 build( )方法。

本章介绍了 Flutter 和 Dart 的关系，Dart 是一门编程语言，Flutter 是一个 SDK，也是一
个框架。Flutter 中的工具可以使 Dart 编码编译成本地代码，同时 Flutter 还提供了丰富的
类和小部件，可以通过它们构建应用。Dart 中可以使用类、构造器、类型。我们还学习了如
何给小部件传递数据，通过构造器方法把数据传递给其他小部件。StatefulWidget 中有一
个特殊的属性 widget，可以通过它访问对应的小部件中的属性，StatefulWidget 的生命周期
和 StatelessWidget 不同。这些都是 Flutter 的基础知识，需要大家深入学习。

第 3 章

调试 Flutter 应用程序

在开发任何类型的 App 时，调试是一定要做的事情。通过调试我们可以定位 App 的错误。本章我们将学习在开发 App 时遇到的各种问题和解决方法。让我们开始吧！

3.1 解决语法错误

我们以一个简单的问题或经常出现的语法错误开始。什么是语法错误？语法错误表示编写的代码无法工作。例如：调用某个对象不存在的方法、忘记添加 import 引入等。

在 news_manager.dart 文件中注释掉 import 这行代码，代码如下：

```
// import 'package:flutter/material.dart';   //注释引入的包
```

IDE 中报了语法错误，如图 3.1 所示。

视频讲解

```
// import 'package:flutter/material.dart';

import './news.dart';
import './news_control.dart';

class NewsManager extends StatefulWidget {
  final String startingNew      Classes can only extend other classes.
  NewsManager({this.starti      Try specifying a different superclass, or removing the extends
    print('news manager的     clause. dart(extends_non_class)

  }                            Undefined class 'StatefulWidget'.
  @override                    Try changing the name to the name of an existing class, or creating a class
  State<StatefulWidget> cr     with the name 'StatefulWidget'. dart(undefined_class)
    print('news manager的c
    return _NewsManagerSta     Quick Fix...   Peek Problem

  }
}
```

图 3.1　错误提示信息

IDE 能检测大多数的语法错误，把鼠标悬停在红线处，被告知"没有定义 StatefulWidget，方法也没有在 superclass 中定义"。Dart 语言中任何值都是对象，数字是对象，列表是对象，它们都继承于一个基类 Superclass，即使自己定义的类继承了其他的类，它的上级的类终将继承这个基类,这就是这里报错的原因。

　　news_manager.dart 很多错都是报"没有定义方法"。这意味着我们没有定义类或者忘记引入类,所以语法错误通常是逻辑上出的问题。语法错误不仅仅是漏掉 import。如果把 news_manager.dart 中的属性_news 前面的下画线去掉,就会出现如图 3.2 所示的错误提示信息。

```
class _NewsManagerState extends State<NewsManager> {
  List<String> news = [];

  @override
  void initState() {
    print('news manager的initState');
    _news.add(widget.startingNews);
    super.initState();
  }

  @override
  void didUpdateWidget(NewsManager oldWidget) {
    print('news manager的didUpdateWidget');
    su
         Undefined name '_news'.
         Try correcting the name to one that is defined, or defining the
         name. dart(undefined_identifier)
  void
    se Quick Fix...   Peek Problem
         _news.add(news);
    });
  }
```

图 3.2　属性的错误提示信息

　　错误提示没有定义_news,所以出现这些情况的时候,首先要做的是检查代码。代码中是否添加了这个属性?忘记引入什么了吗?

　　还有一些错误是忘记编写了一些内容,例如分号,这是典型的语法错误。还有一种语法错误是赋值类型与属性类型不符,例如需要传入的是浮点型数据,但是如果传入了整型数据,会有错误提示"整型不能赋值给浮点型"。

　　IDE 可以提供给我们很多警告或者是错误信息,如果阅读这些错误信息就可以很好地解决语法错误。

3.2　运行时错误和运行时日志消息

　　在模拟器中多次单击添加资讯的按钮,如图 3.3 所示。

　　发现如图 3.4 所示,显示了一些错误信息。这是 Flutter 的一个很好的功能。

视频讲解

图 3.3　模拟器

图 3.4　显示的错误信息

在 Debug Console 中可以看到一个错误信息。那样怎样阅读 Flutter 的错误信息呢？首先检查底部，有时可以在底部找到重要的信息。Debug Console 中打印了很多信息，需要向上滚动，找到如图 3.5 所示的分隔线。

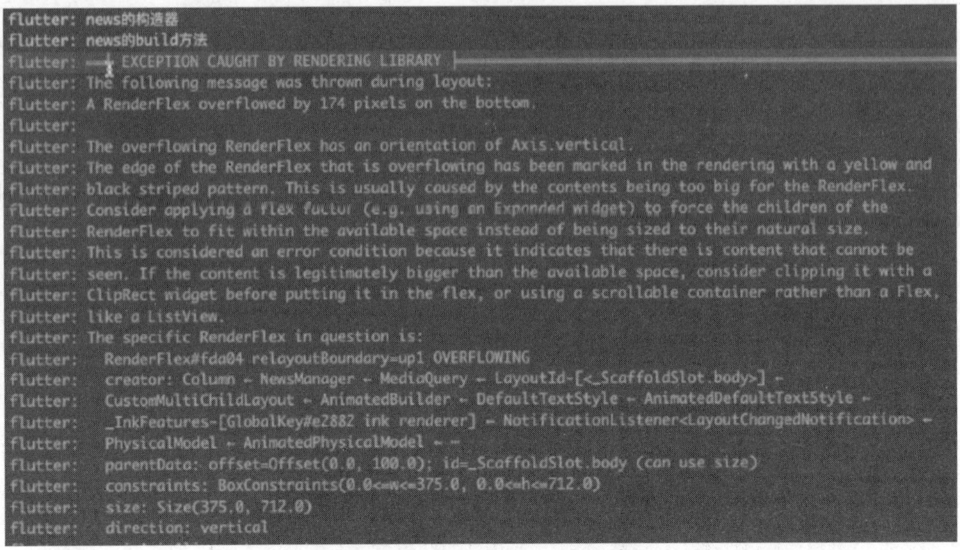

图 3.5　Debug Console 中的分隔线

在分隔线下面可以发现"底部的渲染超过了 174 像素",这部分信息很有用,Flutter 中的错误信息通常提供解决办法或者提供一个间接的解决方案,例如这里可以看到详细的问题描述,建议使用 flex factor,或者可以使用 ListView。这些建议很有用。当遇到错误信息时,要认真阅读它们,很多错误信息描述得都很清晰,甚至提供了解决方法,没有解决方法的也会告诉哪里错了。

看另外一个例子,在属性_news 的值前面加上 static const,编译没有报错,但如果重启应用会看到错误信息,屏幕上也有错误信息,显示不能给一个不可以改变的列表添加值。在 Debug Console 中检查时会发现这样的提示:unsupported operation cannot add to an unmodified list. 这些错误叫运行时错误,它们不会在开发的时候报错。运行时错误通常描述得很清晰,显示错误是在文件中的哪个地方发生的,同时也可以通过跟踪问题栈直接找到有用的错误信息。

3.3　处理逻辑错误

现在学习一下如何处理逻辑错误。什么是逻辑错误呢?在 news_manager. dart 中的 _addNews( )方法中,可能由于一时疏忽,忘记调用 setState()方法。这样的错误不会产生提示,因为是忘记了添加内容。保存

视频讲解

并重启应用,没有任何错误提示,但如果单击添加资讯按钮,什么事情都没有发生,这时我们意识到可能是哪里出错了,然而却没有任何错误提示。应用并没有按照我们想要的效果显示,这就是逻辑错误。也是最难发现的错误,因为 App 运行正常,而且没有错误提示。

如何调试这样的逻辑错误呢?一种方法是查看代码,我们自己最清楚单击按钮时应该

发生什么,所以首先检查单击按钮是否调用了正确的方法,同时检查是否传递了正确的数据,然而并没有发现问题。

再检查_addNews()方法,快速核对一下这个_news列表是否更新了,可以打印一条语句,代码如下:

```
// Chapter03/03-03/lib/news_manager.dart
  void _addNews(String news) {              // 添加资讯方法
    _news.add(news);                        // 给_news列表添加数据
    print(_news);                           // 打印_news列表中的数据
  }
```

print()方法不会在模拟器上显示任何内容,所以我们把print()方法叫作调试工具。保存重新加载后,在控制台中显示的内容一切正常,所以问题不在这里。这时应该想到是不是Flutter没有意识到这里的改变?我们在这里添加setState()方法,解决了这个问题。这种代码跟踪的方式可以解决像这样的逻辑错误。但有些时候可能会很难,因为代码可能会很复杂,所以下一节我们学习如何使用断点来调试。

3.4　使用 debug 断点调试

3.3 节的代码跟踪不需要设置断点,很多 IDE 都提供 debug 工具,如图 3.6 所示。

视频讲解

```
1    import 'package:flutter/material.dart';
2
3    class NewsControl extends StatelessWidget{
4      final Function addNews;
5      NewsControl(this.addNews);
6
7      @override
8      Widget build(BuildContext context) {
9        return Container(
10            margin: EdgeInsets.all(10.0),
11            child: RaisedButton(
12              color: Theme.of(context).primaryColor,
13              child: Text('添加资讯'),
14              onPressed: () {
15                addNews('five');
16              },
17            ), // RaisedButton
18        ); // Container
19      }
20    }
```

图 3.6　IDE 中的断点

在代码所在行的左侧单击后有一个小红点，这就是断点。使用断点需要用 debug 方式启动 App，启动好后，单击添加资讯按钮会跳转到 IDE 界面，停在我们标记的这一行上，这时可以使用顶部的控制面板来跟踪代码，如图 3.7 所示，

图 3.7　IDE 中的调试面板

单击向下箭头，会进入 _addNews()方法中，继续单击可以跟踪代码执行的每一步。把鼠标悬停在参数上面，如图 3.8 所示，可以能看到它内部包含哪些内容。

```
@override
void didUpdateWidget(NewsManager oldWidget) {
  print('news manager的didUpdateWidget');
  super.didU
}                Closure: (Object) => void from Function 'add'…
                  ▸ call: Closure
void _addNew       hashCode: 1008629391
  setState((       ▸ runtimeType: Type ((Object) => void)
🖈    │ news.add(news);
  });
}
```

图 3.8　显示当前 news 中包含的数据等信息

在 IDE 的 watch 区域，输入 news，继续运行代码，可以观察 news 的变化。我们还可以通过 IDE 的调用栈调试，观察传入的参数是否正确，或者变量中是否保存了一个非期望的值。使用 debug 工具和断点绝对是个好办法。如果完成了调试可以单击图 3.7 中最左侧的三角形箭头来执行后面的代码。如果想删除一个断点，再单击一次红点就可以，以上就是通过 IDE 进行调试的方法。

3.5　UI 调试及视觉帮助工具

视频讲解

在 main. dart 文件的 main()方法中可以添加更多的变量，例如 debugpaintbaselinesenabled＝true，添加之前，需要引入调试的包文件，代码如下：

```
// Chapter03/03 - 05/lib/main. dart
import 'package:flutter/rendering. dart'; //引入调试 UI 用的包文件
```

保存并重启应用，可以在模拟器中看到一些黄色和绿色的线，表示文字的基线和文字的位置，如图 3.9 所示。

main()方法中还可以添加 debugPaintPointersEnabled＝ture，保存并重启应用后，我们

图 3.9　UI 调试

发现没任何变化,但如果单击模拟器屏幕会突出显示,提示我们哪里有单击事件,这样就可以知道在哪里加监听。也可以在 MaterialApp 中设置调试变量,例如 debugShowMaterialGrid:true。保存并重启应用,模拟器屏幕上显示了很多小的网格,这些网格对 UI 设计有帮助。以上的调试配置只在开发的过程中使用,它们可以帮助我们精确地计算每个元素之间的位置,因此如果想要找出两个元素的位置是否相同或居中,可以使用这种网格定位的方式检查。

错误经常发生,这一章我们学习了很多好用的工具来定位并改正错误,不同的错误有不同的调试方法。语法和编码错误 IDE 会有提示信息,可以把鼠标悬停在红线上查看错误信息。运行时错误通常会显示到屏幕或者控制台上,需要认真阅读这些错误信息。我们还学习了断点和调试器,断点可以帮助我们一步步地分析,同时可以看到返回的变量值。我们通过悬停,debug 面板,watch 来进行调试,也可以通过打印的方式进行调试。最后我们学习了调试页面上小部件的位置,来解决显示的问题。

第 4 章

在不同设备上运行 Flutter 应用程序

在之前的章节中，Flutter 应用有些是在 Android 的模拟器上运行的，后面的章节会继续使用 Android 模拟器，因为不管使用的操作系统是 Windows、Mac 或者 Linux 都可以运行 Android 模拟器。我们也可以将应用运行到一个 Android 设备上，如果使用 Mac 开发，还可以将应用运行到 iOS 模拟器上或者 iPhone 设备上。本章介绍如何将 Flutter 应用运行到这些设备上。

4.1 将 App 运行到 Android 模拟器上

在第 1 章中，我们学习了如何启动 Android 模拟器。在 Visual Studio Code 中，通常情况下启动应用使用 Debug 菜单下的 Start Without Debugging，启动后如图 4.1 所示。

视频讲解

在控制面板中有一个红色的小方块可以使应用停止运行，也可以按快捷键 Ctrl＋F5 重新运行，不是重新 Debug，而是重启了应用，重置了应用的状态。

有些时候需要使用热加载功能，修改文件并保存后，热加载会自动触发，所以就不必重启应用了。当需要重新 Debug 的时候，单击图 4.1 中的红色方块，然后按快捷键 Ctrl＋F5 就可以重新 Debug，

图 4.1　启动应用后的控制面板

这些操作都是可选的。如果不使用 Visual Studio Code 的控制面板，还可以在控制台中运行 flutter run 命令启动应用，然后按 R 键进行热加载，按 Shift＋R 键重启应用。退出应用使用按 Ctrl＋C 键，退出后可以再次运行 flutter run 启动应用。以上是将 Flutter 应用运行在 Android 模拟器上的情况，下一节看一下如何将 Flutter 应用运行到 Android 设备上。

4.2 将 Flutter 应用运行到 Android 设备上

首先在 Android 设备上使 USB 调试可用，并选择开发模式，如图 4.2 所示。

视频讲解

图 4.2　Android 设备截图

在 Android 设备中找到构建版本,多次单击直到显示开发模式为止,这样就可以在 Android 设备上运行 App 了,然后需要把 Android 设备连到计算机上,在 Visual Studio Code 右下角可以看到连接的设备,如图 4.3 所示。

```
I/flutter ( 4980): news的构造器
I/flutter ( 4980): news的build方法
D/EGL_emulation( 4980): eglMakeCurrent: 0x9c896dc0: ver 3 0 (tinfo 0x8bb13690)
Syncing files to device Android SDK built for x86...
5,260ms (!)

  To hot reload changes while running, press "r". To hot restart (and rebuild state), press "R".
An Observatory debugger and profiler on Android SDK built for x86 is available at: http://127.0.0.1:54804/cS7NLiz63E0=/
For a more detailed help message, press "h". To detach, press "d"; to quit, press "q".

                                                                              2 Devices Connected
        Ln 27, Col 29   Spaces: 2   UTF-8   LF   Dart   Flutter 1.5.4-hotfix.1   V1730EA (android-arm64)
```

图 4.3　IDE 中显示连接的 Android 设备

当在控制台输入命令 flutter run 或者按 Ctrl＋F5 键启动时，App 就会运行到设备上。我们也可以同时将 App 运行到模拟器和真实设备上。单击右下角连接的设备可以选择运行 App 的设备，运行后，会把 App 运行到指定的设备或模拟器上，所以单击右下角连接的设备可以切换运行设备。这是将 Flutter 应用运行到 Android 的真实设备，下一节学习如何将 Flutter 应用运行到 iOS 设备。

4.3　将 App 运行到 iOS 模拟器和设备上

在 iOS 模拟器上运行 App，只能使用 Mac 进行操作。首先启动模拟器，在终端运行命令 open -a simulator 来打开 iOS 模拟器，这个命令可以在任何的 Mac 上运行，这样我们就打开一个 iPhone 模拟器。可以在顶部的菜单栏中设置 iOS 模拟器，如图 4.4 所示，在 Hardware 中选择不同的设备，也可以使用或禁用键盘，然后按 Ctrl＋F5 键启动 App。

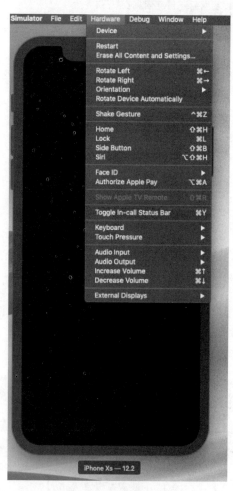

图 4.4　iOS 模拟器

在模拟器上可以运行99％的功能,目前应用使用的是 Material Design,后面还会学习使用 iOS 特定的小部件。

如何将 Flutter 应用运行到 iPhone 设备上?首先需要连接一个 iPhone 的真机设备,当将 iPhone 连接到计算机上时,会收到一个提示,显示是否信任这台计算机。单击"是"来保证正常的访问,但是在 Visual Studio Code 的右下角并没有发现这个设备,这时需要打开 Xcode,不是使用 Xcode 编写代码,而是用它打开 iOS 项目。在 Visual Studio Code 中进入 flutter 目录,然后进入 ios 目录,双击打开 Runner. xcworkspace,单击左上角的项目选择 Runner,如图 4.5 所示。

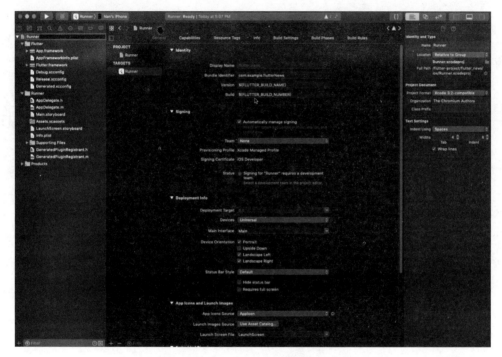

图 4.5　Xcode 中的项目

在 General 中选择 Team,如果没有团队,需要添加一个账号,然后使用 Apple 账号登录,登录成功后选择这个账号,这就是所谓的签名配置文件。需要签署应用来证明可以在 iPhone 上安装它。单击顶部选择连接的 iPhone 设备,就可以将应用运行到 iPhone 设备上了。

第 5 章

列表 ListView 小部件
和条件过滤

本章深入学习一个重要概念,渲染列表和根据条件显示内容。我们已经渲染过一个列表了,通过按钮添加多个 news,但是报错了,因为内容超出了屏幕的大小。现在我们来深入学习如何渲染多个元素的列表,以及如何根据某些条件显示内容。

5.1 使用 ListView 创建滚动列表

首先解决 App 中的第一个问题,在 News 小部件中,我们尝试使用 Column 小部件来渲染一个列表,Column 可以拥有多个子部件,可以使用 news 列表,通过 map()方法转换成一组小部件,然后赋值给 Column 中的 children 参数。我们返回的是一些 Card。这些 Card 可以被渲染到屏幕上,但问题是添加更多的 Card 时会报错,而且不能滚动,如图 5.1 所示。

图 5.1 添加更多的 news 时报错

Flutter 尝试在一个页面加载它们,发现空间不足,所以这里不应该使用 Column 小部件。如果想实现一些元素彼此是上下排列的,从上到下渲染,并且不打算使用滚动功能,那么 Column 是一个很好的选择。但是在这个例子中,页面中存在多个 Card 小部件,它们可能会超越屏幕的边界,Column 就不是正确的选择了。

但是有一个小部件能够满足这个例子的要求,它叫 ListView。ListView 是一个渲染列表的小部件,它也有 children 参数需要传入一组小部件,用 ListView 替换 Column,保存并重启,代码如下:

```
// Chapter05/05 - 01/lib/news.dart
return ListView(                          // 用 ListView 替换 Column 渲染列表
      children: news.map(                 // 使用 map 遍历 news 中的内容
        (element) {                       // element 表示 news 中的每个元素
          return Card(                    // 返回 Card 小部件
            child: Column(                // Card 中显示内容的 Column 小部件
              children: <Widget>[         // Column 中的子小部件
Image.asset('assets/news1.jpg'),          // 图片
                Text(element)             // 图片下面的文字
              ],
            ),
          );
        },
      ).toList(),                         // 将遍历后的结果转换成 List 类型
    );
```

在 IDE 中显示了错误信息,如图 5.2 所示。

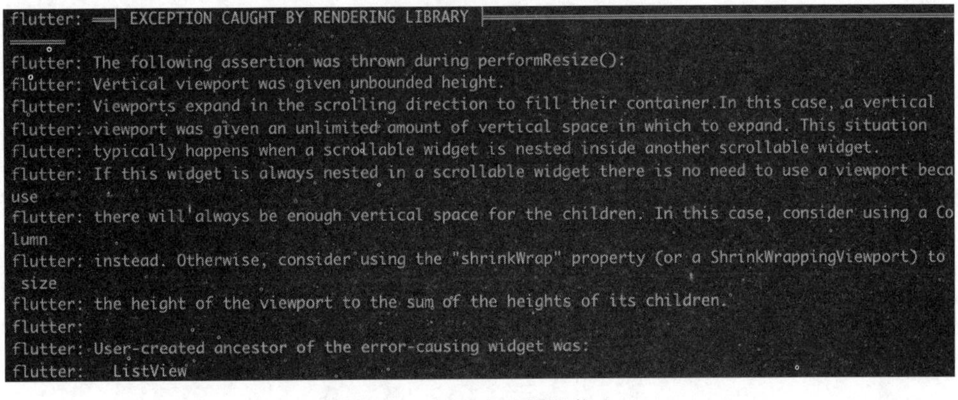

```
flutter: ══╡ EXCEPTION CAUGHT BY RENDERING LIBRARY ╞═══════════════════════════
flutter: The following assertion was thrown during performResize():
flutter: Vertical viewport was given unbounded height.
flutter: Viewports expand in the scrolling direction to fill their container.In this case, a vertical
flutter: viewport was given an unlimited amount of vertical space in which to expand. This situation
flutter: typically happens when a scrollable widget is nested inside another scrollable widget.
flutter: If this widget is always nested in a scrollable widget there is no need to use a viewport beca
use
flutter: there will always be enough vertical space for the children. In this case, consider using a Co
lumn
flutter: instead. Otherwise, consider using the "shrinkWrap" property (or a ShrinkWrappingViewport) to
 size
flutter: the height of the viewport to the sum of the heights of its children.
flutter:
flutter: User-created ancestor of the error-causing widget was:
flutter:   ListView
```

图 5.2 IDE 中的错误信息

这是一个含糊不清的错误提示,实际上提示的是 ListView 不能在按钮下面使用,在 news_manager.dart 文件中,代码如下:

```
// Chapter05/05 - 01/lib/news_manager.dart
return Column(                            //将 News 列表显示在按钮 NewsControl 下面
```

```
    children: <Widget>[NewsControl(_addNews), News(_news)],
  );
```

ListView 是在一个按钮下面使用的,ListView 的上面是一个 Container 包装的按钮,在 Flutter 中不能这样用。如果在 Column 中创建了一个 Container 或其他组件,然后在这个小部件下面使用 ListView,需要把这个 ListView 也包装成另外一个 Container,所以这里需要把 ListView 赋值给 Container 的 child。同时需要设置 Container 的高度,定义 Container 的大小。代码如下:

```
// Chapter05/05 - 01/lib/news.dart
return Container(                        // 把 ListView 用 Container 包装
    height:300,                          // 设置 Container 的高度
    child: ListView(
        children: news.map(
…
```

我们把它的高度设置为 300.0。保存之后,可以看到列表显示出来了,单击按钮可以添加新的 Card,但是 Container 只有 300 像素的高度,如图 5.3 所示。

图 5.3　ListView 所在的 Container 的高度

如果想使用余下所有的可用空间,可以先把 height 删除,再把 Container 替换成另外一个小部件 Expanded。Expanded 小部件可以使用按钮下面的剩余可用空间,代码如下:

```
// Chapter05/05 - 01/lib/news.dart
Expanded(                                // 使用 Column 中按钮下面的剩余可用空间
    child: ListView(                     // 使用 ListView
      children: news.map(                // 用 ListView 渲染列表
        (element) {                      // 遍历 news 中的元素
          return Card(                   // 返回 Card 小部件
…
```

现在这个列表可以上下滚动，这样就实现了一个可以滚动的 List。如果添加更多的 Card，就可以滚动显示了，而且不报错，然而如果在这里快速添加多个 Card，导致这个小部件频繁被调用，就会产生性能问题，所以要做一些事情来避免这样的问题，因为事先我们并不知道 news 的确切数量。下一节学习如何提升列表的性能。

5.2　优化列表加载功能

视频讲解

ListView 小部件非常有用，上一节使用 ListView 并给它的 children 传递了一组小部件，这对于只有几条记录的列表很好，而且知道记录的数量不会太多，那么上一节的实现方式就足够了，但如果一个列表是动态添加的，并且无法预测数量，或者已经知道列表中有成千上万个元素，那么用上一节的方式创建就会非常低效，因为这种方式创建的列表，列表中的所有元素都会被渲染，那么有什么好方式呢？可以当需要显示列表中的一个元素时再渲染它，所以在向下滚动时，在当前元素后的下一个元素是需要被呈现的，在它进入视图之前立即渲染它，同时可以把滚动出视野的元素销毁，这是一种非常高级的编码方式，Flutter 已实现这种方式渲染列表，因此不必自己编写代码。

Flutter 能够自动销毁不需要再显示的内容，可以添加即将被显示的内容，这是非常高效的，不需要在内存中保留现在不需要看到的内容。我们可以使用 ListView 的 builder 构造器达到这种效果。builder 构造器中没有 children 这个参数，builder 构造器中使用的是另外两个参数，itemBuilder 和 itemCount。itemCount 表示需要构建多少条记录，itemBuilder 包含一个方法来定义构建什么样的小部件。方法中包含一组参数和一个方法体，可以使用匿名方法给 itemBuilder 赋值，也可以在类中创建一个方法，然后把方法引用赋值给 itemBuilder。

我们使用第二种方式，在类中创建一个_buildNewItem()方法，代码如下：

```
// Chapter05/05 - 02/lib/news.dart
return Expanded(                          // 使用剩余的空间
    child: ListView.builder(             // 使用 builder 构造器创建 ListView
itemBuilder: _buildNewItem,             // 如何构建列表中元素
itemCount: news.length,                 // 列表的元素的数量
    ),
  );
```

以下画线开头的方法表示它只在这个类中使用，这是约定好的。这个方法可以返回一

个小部件,表示构建一个什么样的记录,可以把构建 Card 的代码放到这里。代码如下:

```
// Chapter05/05 - 02/lib/news.dart
Widget _buildNewItem(context, index) {          // 构建列表中元素的方法
    return Card(                                 // 返回构建的 Card 小部件
      child: Column(
        children:< Widget >[
Image.asset('assets/news1.jpg'),                 // Card 中的图片
            Text(news[index])],                  // Card 中的文字
      ),
    );
  }
```

　　_buildNewItem()在构建列表时被 Flutter 执行。itemBuilder 不只是返回一个小部件,同时还需要使用两个参数,一个是 context,它是 BuildContext 类型,之前我们在设置主题时使用过它;另一个是 index,index 是即将被构建的元素的索引,列表中的每一个元素都有索引,代表它在列表中的位置,index 类型是 int。通过 index 我们可以知道元素在列表中的位置。news 是小部件中的一个属性,所以我们可以通过属性 news[index]方式得到这个动态的元素,news[index]表示 news 列表中的某一条记录。news 列表是 string 类型的数组,所以这里是一个 string 类型的内容,它将在屏幕上显示为文字。

　　这样我们就完成了 itemBuilder()方法的编写,这个方法将构建每一条记录,但是我们需要知道它构建了多少条记录,这就需要使用 itemCount 参数了。构建属性 news 列表,列表有一个可以访问的属性 length。news. length 告诉这个列表中一共有多少条记录。设置好 itemCount 参数后,ListView. builder()将为我们做剩下的事情,它将根据指定的数量和_buildNewItem()方法构建列表。在_buildNewItem()方法中可以做任何事情,这个例子是从 news 列表中提取记录,并构建 Card 小部件。保存并重启后,我们不会意识到使用了另外一种高性能的方式来构建列表。这种方式对于很长的列表或者不知道有多长的列表非常高效。

5.3　根据条件渲染列表内容

视频讲解

　　目前已经学习了很多关于 ListView 的内容,在 main. dart 中,当我们不给 NewsManager 小部件传值的时候,NewsManager 中的 startingNews 的值是空的,可以在 NewsManager 的 initState()方法中检查它是否为空。在不为空的情况下,再把它添加到 news 列表中,代码如下:

```
// Chapter05/05 - 03/lib/news_manager.dart
class _NewsManagerState extends State < NewsManager > {
List < String > _news = [];                      // _NewsManagerState 中的 news 列表

    @override
```

```
    void initState() {                        // 初始化方法
// 判断传入的 startingNews 是否为空
if(widget.startingNews != null){            // 如果不为空
// 把 startingNews 添加到 news 列表
_news.add(widget.startingNews);
    }
…
```

然后可以在 main.dart 中给命名参数 startingNews 赋值，这里加的 if 语句是条件语句。

在列表中，如果有 news 的数据就把它输出到的 ListView 列表中，如果没有任何 news 可以显示其他的内容。例如使用文本替代，所以在 ListView 中可以实现根据某些条件的不同而来显示不同的内容，我们可以通过多种方式来实现这一点。

最快的方式就是在 News 小部件中的 build() 方法中做修改。这里可以检查属性 news 的长度，如果 news 的长度大于 0，输出列表，否则返回需要显示的小部件，这里我们显示居中的文字，代码如下：

```
// Chapter05/05 – 03/lib/news.dart
…
if (news.length > 0) {                      // 如果 news 的长度大于 0
    return Expanded(
child:ListView.builder(                     // 返回 builder 构建的列表
itemBuilder: _buildNewItem,
itemCount: news.length,
),);
    } else {
    return Center(child: Text('没有找到 news')); // 居中的文字
    }
…
```

保存并重启，会发现居中文字显示出来了，如果添加一个 news 就到了一个列表。以上就是使用条件来渲染的列表。如果条件简单这样编写就可以，如果条件复杂可以使用另外一种方式。下一节介绍根据条件渲染列表的替代方案。

5.4　根据条件渲染内容的替代方案

我们可以在任何地方编写 ListView 需要返回的小部件。例如在 build() 方法中定义一个小部件变量 newsCard，这不是类中的一个属性，只是一个方法内部的变量，所以只能在这个方法内部使用它，代码如下：

视频讲解

```
// Chapter05/05 – 04/lib/news.dart
@override
  Widget build(BuildContext context) { // News 小部件的 build()方法
    Widget newsCard;
…
```

给它一个默认值，把居中的文字赋给它，然后添加一个 if 判断语句，代码如下：

```
// Chapter05/05 - 04/lib/news.dart
…
@override
Widget build(BuildContext context) {        // build()方法
Widget newsCard;                            // 添加小部件变量
newsCard = Center(child: Text('没有找到 news'));  // 默认值
if (news.length > 0) {                      // 如果 news 中有数据
newsCard = Expanded(                        // 占满剩余空间
    child: ListView.builder(                // 创建 ListView 列表
itemBuilder: _buildNewItem,                 // 构建每个元素
itemCount: news.length,                     // news 中元素的数量
    ),
  );
}
return newsCard;                            // 返回小部件变量
}
…
```

还可以再优化一下代码，如果这里是一个复杂的小部件树，有一个更好的方案来创建小部件。在类中添加一个创建小部件的方法，例如命名为 buildNewsList，代码如下：

```
// Chapter05/05 - 04/lib/news.dart
Widget buildNewsList() {                    // build()方法
Widget newsCard;                            // 添加小部件变量
newsCard = Center(child: Text('没有找到 news'));  // 默认值
if (news.length > 0) {                      // 如果 news 中有数据
newsCard = Expanded(                        // 占满剩余空间
    child: ListView.builder(                // 创建 ListView 列表
itemBuilder: _buildNewItem,                 // 构建每个元素
itemCount: news.length,                     // news 中元素的数量
    ),
  );
}
return newsCard;                            // 返回小部件变量
}
…
```

方法名以 build 开头，表示返回一个小部件，就像类中的 build()方法一样。方法体中可以剪切 Widget build(BuildContext context){}中的代码，这样在 build()方法中我们只需要返回 buildNewsList()方法的返回值，代码如下：

```
// Chapter05/05 - 04/lib/news.dart
…
@override
  Widget build(BuildContext context) {      // 小部件中的 build()方法
```

```
      return buildNewsList();                    // buildNewsList 的返回值
    }
…
```

　　这里返回的是 buildNewsList()方法的执行结果,在每次重新构建的时候都会调用 buildNewsList()方法,更新的时候就可以看到变化。这样小部件 News 的 build()方法更清晰了。如果想再添加一些其他小部件,可以在 buildNewsList()中添加,这样 build()方法就会一直很清晰,也可以进入到 buildNewsList()方法中,查看方法里具体写了什么内容。

5.5　总结

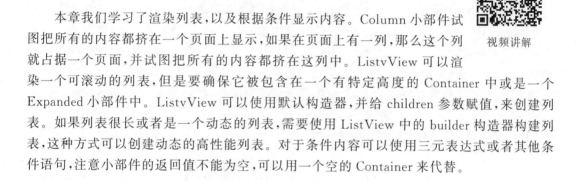

视频讲解

　　本章我们学习了渲染列表,以及根据条件显示内容。Column 小部件试图把所有的内容都挤在一个页面上显示,如果在页面上有一列,那么这个列就占据一个页面,并试图把所有的内容都挤在这列中。ListvView 可以渲染一个可滚动的列表,但是要确保它被包含在一个有特定高度的 Container 中或是一个 Expanded 小部件中。ListvView 可以使用默认构造器,并给 children 参数赋值,来创建列表。如果列表很长或者是一个动态的列表,需要使用 ListView 中的 builder 构造器构建列表,这种方式可以创建动态的高性能列表。对于条件内容可以使用三元表达式或者其他条件语句,注意小部件的返回值不能为空,可以用一个空的 Container 来代替。

第 6 章

Flutter 页面导航

本章我们将学习页面导航，App 几乎不可能在一个页面上解决所有问题。例如 App 有一个列表页面，单击其中的某一条记录，应该跳转到一个详情页，所以 App 需要实现一个单独的页面来展示详情内容，或者在页面底部添加按钮或图标来切换页面。本章将学习如何构建导航、页面之间的切换，以及如何向前一个页面传递数据和向后一个页面传递数据。为了提高学习效率，作者提供整套学习视频，了解详情请浏览网站 http://www.x7data.com。

6.1 在 App 中添加多个页面

我们以一个简单的例子开始，首先需要创建多个页面，现在的 App 中只有一个页面，这个页面通过 Scaffold 创建，然后在 Scaffold 中再创建需要显示的所有内容，包括导航栏 AppBar、导航栏下面的内容 body。代码如下：

```
// Chapter06/06 - 01/lib/main.dart
…
home: Scaffold(                              // 当前 App 中的唯一页面
    appBar: AppBar(                          // 导航栏
     title: Text('资讯标题'),                 // 导航栏中的标题
     ),
    body: NewsManager(),                     // 导航栏下面的按钮和列表 ListView
     ),
…
```

如果要加载一个新的页面，需要创建一个小部件。为了方便理解，可以在 main.dart 所在目录创建一个新的目录，并把它命名为 pages，这个名称可以根据需要自定义。pages 目录将保存应用中的页面。

在 pages 目录下创建 home.dart 文件，在 home.dart 文件中引入包，创建一个类 HomePage 继承 StatelessWidget，因为这里不需要管理任何状态。下一步添加 build() 方法，在 build() 方法中返回 main.dart 中参数 body 的值，因为 Scaffold 中使用了 NewsManager 小部件，需要引入 news_manager.dart 文件，news_manager.dart 不在目录 pages 下，所以使用../news_manager.dart 引入。代码如下：

```
// Chapter06/06 - 01/lib/pages/home.dart
import 'package:flutter/material.dart';          // 引入 material 包
import '../news_manager.dart';                    // 引入 NewsManager 小部件
class HomePage extends StatelessWidget {          // 创建 HomePage 页面
  @override
  Widget build(BuildContext context) {            // 覆盖 build()方法
return Scaffold(                                  // 返回 Scaffold 页面
appBar: AppBar(                                   // 添加导航栏
        title: Text('资讯标题'),                   // 导航栏标题
      ),
        body: NewsManager(),                      // 返回按钮和列表
    );
  }
}
```

在 main.dart 文件中，需要引入 HomePage 页面，代码如下：

```
import './pages/home.dart';                       //引入 HomePage 页面
```

在 MaterialApp 的参数 body 后面添加 HomePage()，代码如下：

```
// Chapter06/06 - 01/lib/main.dart
…
return MaterialApp(                               // 返回根小部件
  theme: ThemeData(                               // 设置主题
primaryColor: Colors.deepOrange,                  // 主题颜色
accentColor: Colors.deepOrange,                   // 强调色
    brightness: Brightness.light,                 // 主题亮度
  ),
  home: HomePage(),                               // 主页面
);
…
```

保存并运行一下，模拟器显示和之前一样，但是单击列表中的某一条记录能导航到新的页面那就更好了。下一节我们看看怎样实现。

6.2　给导航页面添加按钮

在 news.dart 文件中，找到创建 Card 的地方，添加一个按钮 ButtonBar。ButtonBar 允许添加多个按钮并且以很好的方式排列，它有一个 children 参数。在 children 的小部件数组中添加一个按钮 FlatButton。FlatButton 是一个没有背景色的按钮，它有一个 child 参数，把 Text('详情')赋值给它，然后添加一个单击事件，暂时用一个空方法，代码如下：

```
// Chapter06/06 - 02/lib/news.dart
// News 小部件构建列表元素的方法
Widget _buildNewItem(context, index) {
```

```
return Card(                              // 返回 Card 小部件
    child: Column(                        // Card 中的列
        children: < Widget >[             // Card 中列小部件
Image.asset('assets/news1.jpg'),          // Card 中的图片
            Text(news[index]),            // 图片下面的文字
ButtonBar(                                // 按钮栏
            children: < Widget >[         // 按钮栏中的子部件
FlatButton(                               // 没有背景色的按钮
                child: Text('详情'),       // 按钮上的文字
onPressed: () {},                         // 按钮上的单击事件
              ),
            ],
        )
      ],
    ),
  );
}
```

保存后会看到在 Card 上有一个详情按钮，如图 6.1 所示。

图 6.1 Card 中显示详情按钮

居中显示,可以在 ButtonBar 配置参数 alignment,代码如下所示:

```
alignment: MainAxisAlignment.center,        //使 ButtonBar 中按钮居中显示
```

现在单击没有任何反应。我们在 pages 目录下创建一个新的页面 news_detail.dart,引入 material 包,创建类 NewsDetailPage 继承 StatelessWidget,在 buid()方法中返回 Scaffold 作为一个新的页面。注意 NewsDetailPage 不是 HomePage 的一部分,然后给 NewsDetailPage 页面添加导航栏 AppBar,标题显示"详情",body 中可以显示一行居中的文字"资讯详情页",代码如下:

```
// Chapter06/06-02/lib/pages/news_detail.dart
import 'package:flutter/material.dart';           // 引入 material 包

class NewsDetailPage extends StatelessWidget {    // 创建详情页
  @override
  Widget build(BuildContext context) {            // 详情页中的 build()方法
    return Scaffold(                              // 返回页面
appBar: AppBar(title: Text('详情'),),             // 页面标题
      body: Center(child: Text('资讯详情页'),),    // 页面内容
    );
  }
}
```

下一节学习如何导航到这一详情页。

6.3　实现基本导航功能

详情页面创建好了,下面可以通过单击 Card 中的"详情"按钮来切换页面。在 News 小部件中,单击"详情"按钮时需要执行一些代码,因为只需要执行一行代码,所以可以使用等号加箭头方式编写。可以使用 Flutter 自带的 Navigator,它是 flutter/material.dart 包中附带的。context 管理导航的范围,context 知道现在我们在哪个页面,也知道如何导航,所以它是 Navigator 中必须的。

在 main.dart 中我们创建了 MaterialApp。MaterialApp 是导航的重要部分,它能设置页面导航,所以单击"详情"按钮的监听事件不能只使用 Navigator,因为 News 小部件被包含在 MaterialApp 中,同样 HomePage 的导航也被包含在 MaterialApp 中。

在 Navigator 后面加点,IDE 会给出提示,通常如果想加载一个新的页面可以使用 push()方法,代码如下所示:

```
Navigator.push(context, route)              //压入一个页面
```

push()方法可以压入一个页面,那么为什么是压入页面呢? 因为这是由在 Flutter 中导航的结构栈决定的。假设有两个页面:资讯列表页面和资讯详情页面,我们希望在它们之

间切换,可以通过压入页面和弹出页面来实现。页面被栈管理,我们看到的页面是页面栈中最上面的页面,使用压入的方式可以向栈中添加更多的页面。同时也可以通过弹出栈中的页面来实现返回到之前的页面。

　　我们看见的一定是最上面的页面,所以可以一直弹出,直到只剩一个页面。以上就是页面导航的工作原理。我们使用的是栈结构,所以这里可以使用 push()方法把一个页面压入到栈,那么需要把什么压进去呢? 这里不可以压入一个页面,需要压入的是路径 route。route 不是显示的内容,而是 Flutter 需要知道的一些信息。把 MaterialPageRoute 传入,代码如下:

```
// Chapter06/06 - 03/lib/news.dart
onPressed: () => Navigator.push(          // "详情"按钮单击事件
                context,                  // 上下文 context
MaterialPageRoute(),                      // 路径
              ),
```

　　MaterialPageRoute 包含路径,例如从一个页面跳转到另一个页面的动画效果,push()方法不仅需要传入路径,还需要另外一个参数作为位置参数中的第一个参数 context。context 包含有关页面的重要信息,它保留着整个应用环境中的页面的位置,Navigator 需要这些信息以便正确地创建一个新的页面,并从当前页面导航到新的页面。

　　MaterialPageRoute 也是 Navigator 所需要的,MaterialPageRoute 告诉 Navigator 哪个页面应该被压入。在 MaterialPageRoute 中传入 builder 参数,builder 是一个方法参数,也需要接收 context 参数,context 的类型是 BuildContext。下面需要做的是有关页面的,builder 的方法将返回一个小部件,然后 MaterialPageRoute 被告知准备构建此页面,并导航到它,所以这里需要引入这个页面。pages 目录下的 news_detail.dart,代码如下所示:

```
import './pages/news_detail.dart';        //引入详情页
```

在 builder 这里,把 NewsDetailPage 实例化,代码如下:

```
// Chapter06/06 - 03/lib/news.dart
….
FlatButton(                               // 无背景色按钮
    child: Text('详情'),                   // 按钮上的文字
onPressed: () => Navigator.push(          // 导航压入页面
      context,                            // 上下文
MaterialPageRoute(builder: (context){     // 创建路径
        return NewsDetailPage();          // 导航到目标页面
      }),
    ),
…
```

　　在 push()方法中我们添加了一个新的路径,而不是压入页面。路径表示怎样构建一个新的页面。保存并重启应用,单击列表中的"详情"按钮,可以导航到详情页面,详情页面顶

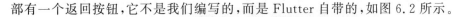

部有一个返回按钮,它不是我们编写的,而是 Flutter 自带的,如图 6.2 所示。

图 6.2 带返回按钮的详情页

单击返回按钮可以返回到之前的页面。我们也可以在详情页面中添加一个按钮来实现返回功能,在文本下面添加一个按钮,按钮中添加单击事件,单击的监听方法中使用 Navigator.pop(context),pop()方法是 Flutter 自带的返回按钮所使用的方法。pop()方法也需要 context 参数,代码如下:

```
// Chapter06/06-03/lib/pages/news_detail.dart
…
body: Column(                              //详情页中的列
    children: < Widget >[                  // 列中的子部件
Center(
    child: Text('资讯详情页'),             // 居中显示的文字
    ),
RaisedButton(                              // 返回按钮
    child: Text('返回'),                   // 按钮上的文字
onPressed: () {                            // 按钮上的单击事件
Navigator.pop(context);                    //将本页面从导航栈中弹出,返回之前的页面
    },
```

```
      )
    ]),
    …
```

这样就实现了返回功能。

6.4 优化详情页面

在详情页 news_detail.dart 页面中,优化一下显示的内容。例如居中显示 body 中的内容,body 使用了 Column,Column 有两个对齐参数分别是 mainAxisAlignment 和 crossAxisAlignment。在列 Column 中,mainAxisAlignment 表示从上到下的对齐方式,即垂直对齐方式;crossAxisAlignment 表示从左到右的对齐方式,即水平对齐方式。这里输入 mainAxisAlignment 把鼠标悬停在上面会有提示,如图 6.3 所示。

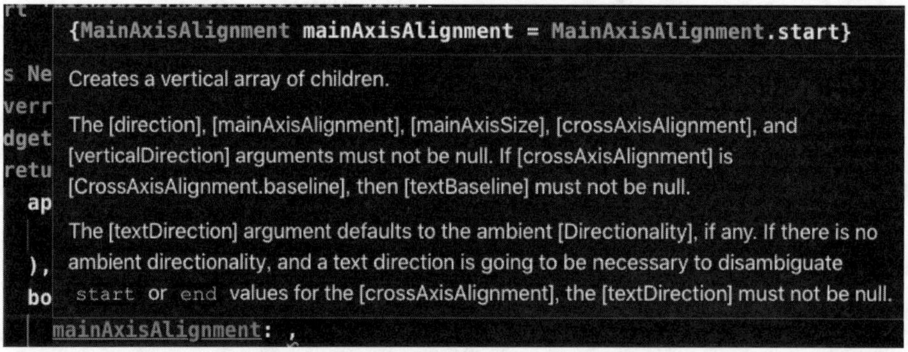

图 6.3 mainAxisAlignment 的提示

可以设置 mainAxisAlignment:MainAxisAlignment.center,保存后,body 中的内容就在垂直方向居中显示了,再设置 crossAxisAlignment:CrossAxisAlignment.center,保存后发现内容并没有水平居中显示,这是因为 Column 的宽度只会根据内容的宽度来显示。要解决这个问题,在 Text('资讯详情页')外面加一个 Center 小部件即可。

如果在详情页显示图片,可以使用 Image.asset('assets/news1.jpg')方法添加一张图片,这里使用的是硬编码。如果想让图片显示在顶部,需要去掉 mainAxisAlignment 这个参数。现在给这些小部件加一些间距,在 Text('资讯详情页')外面加一个 Container 小部件,设置 padding 参数,代码如下:

```
// Chapter06/06-04/lib/pages/news_detail.dart
…
Container(
  padding: EdgeInsets.all(10),           // 设置内边距,所有边距为 10 像素
  child: Text('资讯详情页'),              // 详情页中的文字
),
…
```

这样我们就创建好间距了,再给按钮设置颜色,代码如下:

```
// Chapter06/06 - 04/lib/pages/news_detail.dart
…
RaisedButton(                                    // 详情页的返回按钮
color: Theme.of(context).accentColor,            // 按钮颜色使用主题颜色
  child: Text('返回'),                           // 按钮上的文字
onPressed: () {                                  // 按钮的单击事件
Navigator.pop(context);                          // 弹出本页面
  },
)
…
```

下节我们将学习如何传递数据。

6.5 通过 Push 给页面传递数据

详情页 NewsDetailPage 是静态的,怎样传递动态数据给它呢? 在 News 小部件中, MaterialPageRoute 是传递数据最好的地方,因为这里使用构造器方法创建了 NewsDetailPage,所以可以把数据放到构造器里,然后在 NewsDetailPage 中添加一个构造器,并添加一些属性来保存数据。

在本例中使用 title 和 imageUrl 保存标题和图片,在构造器参数中传入 this.title 和 this.imageUrl,代码如下:

```
// Chapter06/06 - 05/lib/pages/news_detail.dart
class NewsDetailPage extends StatelessWidget {    // 详情页
final String title;                               // 标题
  final String imageUrl;                          // 图片
NewsDetailPage({this.title,this.imageUrl});       // 命名构造器
…
```

然后在 AppBar 的 Text 中使用 title 属性,在 body 中的 Image.asset()中使用 imageUrl 属性。现在还没有给 NewsDetailPage 传递数据,在 news.dart 文件中,属性 final List < String > news 的数据是从外部获取的,可以把这组 news 中的记录传递给 NewsDetailPage。这组 news 数据保存在 NewsManager 中,类型是字符串数组,满足不了当前的需求,我们需要的是一个复杂的对象,包含标题和图片。

在 Dart 中,有一种数据结构叫 Map,它可以保存多条信息,把 Map 设置为列表的泛型,代码如下:

```
List < Map < String, String >> _news = [];        // Map 类型的列表
```

NewsManager 中的_addNews()方法参数类型需要改为 Map,代码如下:

```
// Chapter06/06 - 05/lib/news_manager.dart
```

```
void _addNews(Map news) {                           // 添加 news 的方法
    setState(() {                                   // 调用 setState()方法
      _news.add(news);                              // 添加 news
    });
  }
```

startingNews 也需要改成 Map 类型。代码如下：

```
final Map startingNews;                             //初始化的 news
```

在 news_control.dart 中，需要把传入参数类型改成 Map 类型，可以使用{}给 Map 赋值，{}中使用键值对，键一般是 String 类型，代码如下：

```
// Chapter06/06 - 05/lib/news_control.dart
…
onPressed: () {
    // 使用硬编码的方式给 Map 赋值，包含键'title'和键'image'
addNews({'title':'other','image':'assets/news1.jpg'});
},
…
```

这样就实现了使用多条信息的复杂对象来创建 news。

在 news.dart 文件中，我们也需要把 List 的类型改为 Map 类型。代码如下：

```
…
final List < Map < String, String >> news;          //News 小部件中的属性
…
```

泛型中第一个表示的是 key 的类型，第二个代表值的类型，如果值的类型是多样化的，可以使用 dynamic 表示。

在 news.dart 文件中，怎样访问 Map 中的值呢？可以在 index 后面加上[ ]，[ ]中添加单引号，单引号中是 key，代码如下：

```
// Chapter06/06 - 05/lib/news.dart
…
Text(                                               // ListView 中的标题
 news[index]['title'],                              //标题上的文字
  )
…
```

现在需要把标题和图片传给新的页面 NewsDetailPage，代码如下：

```
// Chapter06/06 - 05/lib/news.dart
…
MaterialPageRoute(builder: (context) {              // 导航路径
    return NewsDetailPage(                          // 详情页面
    title: news[index]['title'],                    // 传入标题
    imageUrl: news[index]['iamge'],                 // 传入图片
```

```
      );
    }),
…
```

　　这样就完成了数据的传递。重启应用后，单击"详情"发现数据已经传递过来了，如图6.4所示。

图6.4　数据已传入到详情页面

　　那么弹出页面怎样传值呢？下一节将详细讲解。

6.6　通过 Pop 获取页面返回的数据

　　弹出页面怎样传值呢？在 NewsDetailPage 中已经定义了一个返回按钮，代码如下：

```
…
onPressed: () {
Navigator.pop(context);                      // 弹出详情页面
  }
…
```

　　当单击详情页中的返回按钮时，可以在 pop()方法中传入第二个参数，这个参数可以是任何类型，例如数字类型、字符串类型、布尔类型等，我们这里返回 true 表示操作成功。代码如下：

```
Navigator.pop(context,true);                    //返回数据 true
```

在 news.dart 文件中，导航路径 MaterialPageRoute 可以监听返回结果，在 push()方法后面将返回一个 Future 类型的对象。Future 是一个等待状态对象，它最终在将来的某个时间执行，所以可以监听它执行的那一刻。就像在日历中添加一些提醒，我们不知道它发生的确切时间，但在提醒发生时收到提示。Future 是一个允许监听未来事件的对象。这里可以加 then()方法。then()方法在 Future 返回时被调用，代码如下：

```
// Chapter06/06 - 06/lib/news.dart
…
onPressed: () => Navigator.push(              // 监听单击事件
  context,                                     // 上下文
MaterialPageRoute(builder: (context) {         // 导航路径
    return NewsDetailPage(                     // 返回详情页
      title: news[index]['title'],             // 传入标题
imageUrl: news[index]['image'],                // 传入图片
    );
  }),
).then(onValue)                                // 监听返回到当前页面事件
…
```

then()方法需要一个参数，这个参数是一个方法，表示事件发生时可以执行一些内容。方法中有一个参数 value，这就是返回的参数值。当鼠标悬停在 push()方法上时你可以看到返回值是 Future 类型，还有泛型，如图 6.5 所示。

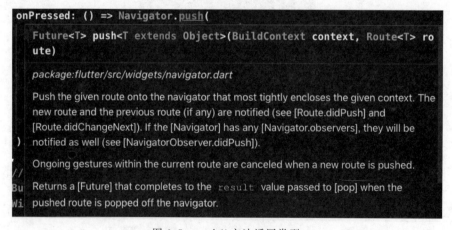

图 6.5　push()方法返回类型

value 可以是任何类型的值，在本例中 value 的类型是布尔型，因为在调用 pop()方法时返回的是布尔类型，但是 Dart 语言并不知道返回的是什么类型。可以在 push 后面加一个

泛型布尔,这样便明确了返回值的类型。我们把返回信息打印出来,看是否生效。代码如下:

```
// Chapter06/06-06/lib/news.dart
…
onPressed: () => Navigator.push<bool>(          // 添加返回值为泛型
…
).then((value){                                  // 监听返回到当前页面事件并执行方法
  print(value);                                  // 打印返回的值
}),
…
```

单击"详情",再单击"返回"按钮,控制台打印了这个值。我们可以通过返回的这个值来删除这条 news,在 news_manager.dart 中,现在没有删除 news 列表数据的方法,需要添加一个_deleteNews()方法,代码如下:

```
// Chapter06/06-06/lib/news_manager.dart
…
void _deleteNews(int index){                     // 删除列表中索引对应的 news
setState(() {                                     // 更新列表
    _news.removeAt(index);                        // 执行删除操作

    });
  }
…
```

参数使用的是 news 在列表中的索引,然后调用 setState()方法。方法体中是删除索引对应的那条记录。在 News 小部件中,添加一个方法属性,代码如下:

```
// Chapter06/06-06/lib/news.dart
class News extends StatelessWidget {             // News 小部件
  final List<Map<String, String>> news;         // news 属性
 final Function deleteNews;                       // 删除 news 的方法
  News({this.news,this.deleteNews});             // 命名构造器
…
```

在 news_manager.dart 的 build()方法中,添加命名参数,代码如下:

```
// Chapter06/06-06/lib/news_manager.dart
…
@override
  Widget build(BuildContext context) {           // 构建方法
    return Column(                                // 列小部件
      children: <Widget>[
NewsControl(_addNews),                            // 添加"资讯"按钮
      News(                                       // 资讯列表
        news: _news,
```

```
deleteNews: _deleteNews,
      ),
    ],
  );
…
```

然后在 News 小部件的 then() 方法中，用 if 判断 value 的值，代码如下：

```
// Chapter06/06 - 06/lib/news.dart
…
.then((value){                           // value 是 pop() 方法返回的值
if(value){                               // 判断 value 的值
deleteNews(index);                       // 如果为 true 在列表页删除这条记录
  }
}),
…
```

这样就通过 Navigator 的 pop() 方法传回了一个值。

6.7 给导航页面中的按钮添加单击事件

上一节我们学习了如何在弹出页面后给之前的页面返回数据，但是如果单击 Android 设备中的返回按钮就会报错，提示布尔类型不能为空。当单击设备的返回按钮或者自带的返回按钮时，可以在 NewsDetailPage 中做一些事情，在 Scaffold 外面添加另外一个小部件来监听返回按钮单击事件，这个小部件叫 WillPopScope，它是一个很有用的小部件。代码如下：

```
// Chapter06/06 - 07/lib/pages/news_detail.dart
…
return WillPopScope(                      // 用 WillPopScope 包装 Scaffold 页面
      child: Scaffold(                    // Scaffold 页面
…
```

定义一个 child，值是 Scaffold 页面。弹出过程的所有信息 WillPopScope 都能监听到，还需要加一个参数 onWillPop，它是一个方法，当用户离开这个页面的时候执行这个方法，代码如下：

```
// Chapter06/06 - 07/lib/pages/news_detail.dart
…
return WillPopScope(
onWillPop: (){                           // 弹出当前页面时调用

  },
  child: Scaffold(
…
```

方法体中必须人为地执行某些内容,例如调用 Navigator. pop(context,false),同时 onWillPop()方法需要返回 Future<bool>类型的值,所以需要添加返回值,代码如下:

```
// Chapter06/06 - 07/lib/pages/news_detail.dart
…
onWillPop: (){
Navigator.pop(context,false);              // 执行弹出内容
return Future.value(false);                // 返回 Future<bool>的值
}
…
```

这样我们可以通过弹出页面的返回值来判断是单击设备的返回按钮还是自带的返回按钮,或者是单击页面上的返回按钮。用户通过单击设备的返回按钮返回或者单击顶部的按钮返回时,将返回 false。Future. value(false)表示只弹出一个页面。如果返回是 true 的话,页面将会继续弹出,直到没有页面可以弹出为止。

6.8　添加登录页面并切换页面

有时我们需要压入一个新的页面,同时替换掉存在的那个页面,表示不需要返回到之前的页面。例如在权限验证的时候会用到这样的场景,当用户登录成功时,直接用主页面替换掉登录页面。在 pages 目录下新建一个 auth. dart,同样需要引入 material 包,创建一个 AuthPage 继承 StatelessWidget,创建 build()方法返回 Scaffold 页面。在 AppBar 中添加登录标题,在 body 中添加一个居中的登录按钮,给按钮添加一个单击事件。如果单击这个按钮则导航到主页。我们把 home. dart 重命名为 news_list. dart,把类名改为 NewsListPage,同样我们在 main. dart 文件中替换成正确的名称。在 main. dart 中,home 参数对应的小部件应该是登录页面,代码如下:

```
home: AuthPage(),                          //登录页面
```

在 auth. dart 文件中,如果单击"登录"需要转到 NewsListPage 页面,所以登录页面是第一个页面。如果用户登录成功会加载另外一个页面,所以在顶部需要引入 news_list. dart 这个文件。在单击事件方法中,我们使用 Navigator,如果想替换掉已存在的页面,不使用 push 而是使用 pushReplacement,表示当前页面完全被替换掉。同样需要传入 context,然后将 MaterialPageRoute 传入 builder,这个方法将返回一个页面,这里是 NewsListPage。代码如下:

```
// Chapter06/06 - 08/lib/pages/auth.dart
import 'package:flutter/material.dart';    // 引入 material
import './pages/news_list.dart';           // 引入 NewsListPage 页面

class AuthPage extends StatelessWidget {   // 创建登录页面
@override
```

```
Widget build(BuildContext context) {          // 登录页面 build()方法
    return Scaffold(                           // 返回 Scaffold
appBar: AppBar(                                // 登录页面导航栏
        title: Text('登录'),                   // 导航栏标题
    ),
        body: Center(                          // 居中显示
        child: RaisedButton(                   // 登录按钮
            child: Text('登录'),               // 按钮上的文字
onPressed: () {                                // 登录事件
Navigator.pushReplacement(context,
MaterialPageRoute(builder: (context) {
            return NewsListPage();             // 导航到 NewsListPage 页面
        }));
        },
      ),
    ),
  );
  }
}
```

NewsListPage 页面替换成功后,会发现 NewsListPage 页面的导航栏中没有返回按钮,如图 6.6 所示。

图 6.6   不带返回按钮的页面

6.9　抽屉式导航

Flutter 提供了抽屉式导航的小部件 Drawer，在 news_list. dart 文件中，可以添加一个小图标，单击小图标可以导航到资讯管理页面或者新建资讯页面。首先在 news_list. dart 文件中给它添加一个抽屉式导航。在 Scaffold 小部件中有一个参数 drawer，表示在页面的左侧可以展现抽屉式导航页。参数的值是 Flutter 提供的小部件 Drawer。Drawer 中有一个参数 child，child 是 Drawer 显示的内容，它可以是一列 Column，也可以是滚动的 ListView。这里使用 Column，因为目前不需要展示太多内容。

在 Column 中添加参数 children，列中的第一个小部件使用 AppBar，然后添加一个标题并命名为"选择"，在 AppBar 的下面需要添加一些记录，这里我们使用 ListTile 小部件，它经常在 ListView 中被用到，ListTile 是一个整齐的小部件，可以拿来就用。ListTile 有个参数 title，可以设置为文本 Text 小部件。ListTile 是可以被单击的，有个参数 onTap，onTap 的值是一个可以单击后执行的方法。代码如下：

```
// Chapter06/06 - 09/lib/pages/news_list. dart
…
@override
  Widget build(BuildContext context) {          // 页面的 build()方法
    return Scaffold(                            // 返回 Scaffold 页面
drawer: Drawer(                                 // 添加抽屉式导航
        child: Column(
          children: < Widget >[                 // 抽屉式导航中的小部件
AppBar(                                         // 抽屉式导航中的导航栏
            title: Text('选择'),                // 抽屉式导航中的标题
          ),
ListTile(                                       // 抽屉式导航中的一条记录
            title: Text('管理资讯'),            // 记录的标题
onTap: (){},                                    // 单击这条记录后调用的方法
          )
        ],
      ),
    ),
appBar: AppBar(                                 // 资讯列表页面的标题
      title: Text('资讯标题'),                  // 标题名称
    ),
    body: NewsManager(),                        // 资讯列表的按钮
  );
}
}
…
```

在模拟器中看到一个 AppBar,如果单击这个标题,就可以看到抽屉式导航了,如图 6.7 所示。

AppBar 中有一个参数叫 automaticallyImplyLeading,需要把它设置为 false,这样导航标题的左侧就不会显示小图标了,如图 6.8 所示。

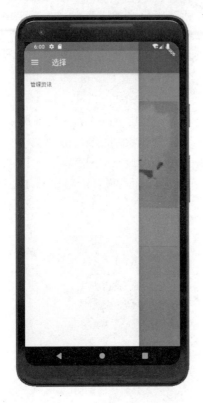

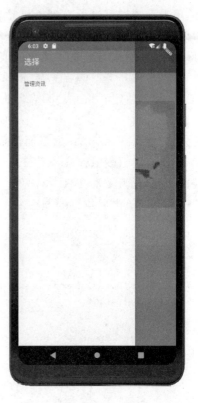

图 6.7　抽屉式导航效果　　　　　　图 6.8　隐藏抽屉式导航左侧小图标

现在新建一个资讯管理页面,在 pages 目录下,新建一个文件 manage_news. dart,并在 manage_news. dart 中也添加抽屉式导航,代码如下:

```
// Chapter06/06 - 09/lib/pages/manage_news.dart
import 'package:flutter/material.dart';          // 引入 material 包
import '../pages/news_list.dart';                // 引入资讯列表页

class ManageNews extends StatelessWidget {       // 管理资讯页面
  @override
  Widget build(BuildContext context) {           // 构建页面的方法
    return Scaffold(                             // 返回 Scaffold 页面
drawer: Drawer(                                  // 添加抽屉式导航
        child: Column(                           // 抽屉式导航中的列
          children: <Widget>[                    // 列中的子部件
AppBar(                                           // 抽屉式导航的导航栏
```

```
automaticallyImplyLeading: false,                // 隐藏小图标
                title: Text('选择'),               // 抽屉式导航中的标题
            ),
ListTile(                                          // 抽屉式导航中的记录
                title: Text('资讯列表'),           // 记录的标题
onTap: () {                                        // 记录的单击事件
Navigator.pushReplacement(                         // 导航到列表页面
                    context,
MaterialPageRoute(                                 // 导航的路径
                      builder: (context) {
                        return NewsListPage();      // 列表页面
                      },
                    ),
                  );
                }),
          ],
        ),
      ),
appBar: AppBar(                                    // 资讯管理页面的导航栏
        title: Text('管理资讯'),                   // 导航栏中的标题
      ),
        body: Center(child:Text('资讯管理页面') ,),// 资讯管理页面内容
    );
  }
}
```

在资讯列表添加抽屉式导航中记录的单击事件，代码如下：

```
// Chapter06/06-09/lib/pages/news_list.dart
…
ListTile(                                          // 抽屉式导航中的一条记录
title: Text('管理资讯'),                           // 记录的标题
onTap: (){
Navigator.pushReplacement(                         // 导航到资讯管理页面
context,
MaterialPageRoute(                                 // 导航的路径
builder: (context) {
    return ManageNews ();                          // 资讯管理页面
},
),
);
},          )
…
```

　　以上使用的导航方式都是替换的，如果我们在资讯列表 NewsListPage 中添加很多资讯，然后通过抽屉式导航 Drawer 跳转到 ManageNews 页面，再通过 ManageNews 中的 Drawer 跳转到 NewsListPage 页面时，会发现刚刚添加的数据不存在了，这是因为带抽屉式导航 Drawer 的页面被替换后，原有的页面栈和数据会被从内存中删除，所以就看不到之前添加的数据了。

6.10　使用 Tab 标签页导航页面

在 manage_news.dart 文件中，创建两个页面，一个页面用来创建资讯的页面 create_news.dart，另一个是我的资讯页面 my_news.dart。这两个页面可以使用抽屉式导航 Drawer 来加载，也可以在页面中添加 Tab 标签页来实现。

我们选择使用 Tab 标签页来实现，在 manage_news.dart 文件中，需要在 Scaffold 的外面添加一个小部件 DefaultTabController，child 参数值是 Scaffold 页面。DefaultTabController 需要设置另外一个参数 length，表示有多少个 Tab 标签页。代码如下：

```
// Chapter06/06－10/lib/pages/manage_news.dart
…
return DefaultTabController(            // 页面中添加标签页
length: 2,                             // 添加2个标签页
child: Scaffold(
…
```

这只是将页面设置成了包含标签页的页面，保存后，此时模拟器上没有显示标签页，如图 6.9 所示。

图 6.9　没有显示标签页

需要手动添加标签页,可以在页面的底部添加标签页,在 Scaffold 页面中添加参数 bottomNavigationBar,就可以在底部设置页面导航。本例中使用选项卡 Tab 实现。注意是在 Scaffold 页面的 AppBar 中添加,而不是 Drawer 中的 AppBar。AppBar 中有一个参数 bottom,可以在这里传入 TabBar。TabBar 是一个小部件,设置参数 tabs,tabs 需要传入一组小部件,这组小部件是通过 Tab() 创建的。Tab 小部件需要配置,首先设置显示文字 text。创建两个标签页,一个是创建资讯,另一个是我的资讯。代码如下:

```
// Chapter06/06-10/lib/pages/manage_news.dart
…
appBar: AppBar(                              // 资讯管理页面的导航栏
    title: Text('管理资讯'),                  // 导航栏上的标题
bottom: TabBar(                              // 导航栏下方的标签栏
      tabs: <Widget>[                        // 标签小部件数组
        Tab(text:'创建资讯',),                // 第一个标签页
      Tab(text:'我的资讯',)                   // 第二个标签页
      ],
    ),
),
…
```

这时模拟器的屏幕上显示了两个标签页,此时单击它们没有反应,如图 6.10 所示。

图 6.10　资讯管理页面中的标签页

我们也可以给标签页添加小图标，设置参数 icon，它的值是 Icon 小部件，代码如下：

```
// Chapter06/06-10/lib/pages/manage_news.dart
…
tabs: <Widget>[
  Tab(text:'创建资讯',icon: Icon(Icons.create),),    // 带图标的标签页
  Tab(text: '我的资讯',icon: Icon(Icons.edit),)       // 带图标的标签页
],
…
```

要实现页面的切换，需要清空 body 中的内容，输入 TabBarView，TabBarView 是 Flutter 提供的小部件，可以跟 TabController 包装的页面进行交互，TabController 根据单击的标签页自动加载正确的页面到 TabBarView 中，所以这里需要设置 TabBarView 中包含哪些页面。输入参数 children，它的值是一组小部件。注意，children 添加的页面数量必须和标签 Tab 的数量相同。DefaultTabController 设置的长度是 2，所以添加两个页面。

在 pages 目录下创建 create_news.dart，同样需要引入 material 包，然后创建 CreateNewsPagePage 类继承 StatelessWidget，添加 build()方法。代码如下：

```
// Chapter06/06-10/lib/pages/create_news.dart
import 'package:flutter/material.dart';            // 引入 material 包

class CreateNewsPage extends StatelessWidget {      // 创建页面

  @override
  Widget build(BuildContext context) {             // 覆盖 build()方法
    return Center(child: Text('创建资讯'),);         // 返回居中文字
  }
}
```

同理创建 my_news.dart 文件。在 manage_news.dart 中，引入创建的这两个文件，在 TabBarView 的 children 中添加这两个页面，第一个是 CreateNewsPage，第二个是 MyNewsPage，这样就可以通过标签页切换页面了。

6.11　命名路径

根据本章以上内容，可以总结出一个结论，我们总是需要在导航的地方创建页面，这种方式很烦琐，每次都需要使用 MaterialPageRoute 去导航。使用这种方式可以实现导航功能，但是每次都需要告诉 Flutter 跳转到哪个页面上，然后加载此页面。

在 Flutter 中我们还可以使用命名路径的方式导航，这种方式节省很多编码。使用命名路径的第一步需要在 main.dart 中的 MaterialApp 中创建路径注册表。添加参数 routes，它的值的类型是 Map，可以是多组键值对。其中 key 是 String 类型的，表示路径，例如 '/admin'，这样就定义了一个命名路由，值是 builder。builder 是 MaterialPageRoute 中的

builder。代码如下：

```
// Chapter06/06-11/lib/main.dart
…
routes: {                        // 命名路径
'/admin':(context){              // 路径的 key
    return ManageNews();         //路径的 value,通过 builder 返回对应的页面
}
},
…
```

在 NewsListPage 资讯列表页面中，抽屉式导航 Drawer 不需要使用 Navigator. pushReplacement 导航页面了，而是使用 Navigator. pushReplacementNamed（context，'/admin'）这种命名路径的方式导航页面，保存并重启应用就可以生效了。

同样可以给 AuthPage 登录页面设置命名路径，在 routes 中再注册一个命名路径，代码如下：

```
// Chapter06/06-11/lib/main.dart
…
routes: {                        // 命名路径注册表
'/admin':(context){              // 资讯管理页面导航路径
    return ManageNews();         // 资讯管理页面
},
'/':(context){                   // 登录页面的导航路径
    return AuthPage();           // 登录页面
}
},
// home: AuthPage(),               // 注释掉 home 参数
…
```

'/'是一个很特别的路径，代表首页，它和 home 参数的功能是等效的，所以二者只能选择其中的一种，这里注释掉 home。

6.12 解析导航路径数据

上一节实现了命名路径，在资讯列表 News 小部件中，我们是通过构造器传递值导航到对应的资讯详情页面 NewsDetailPage 中的。下面看看如何使用注册命名的方式导航到资讯详情页面。

在 main. dart 中，在导航路径注册表中添加'/news'，它的值是 builder 对应的方法，代码如下：

```
// Chapter06/06-12/lib/main.dart
…
'/news': (context) {              // 资讯详情页面的导航路径
```

```
    return NewsDetailPage(                    //返回资讯详情页
        title: news[index]['title'],          //详情页参数 title
    imageUrl: news[index]['image'],           //详情页图片 imageUrl
      );
    }
    …
```

这里的资讯 news 是动态加载的,不能使用硬编码,所以详情页的导航路径不能在导航路径注册表中编写。

可以使用另一个参数 onGenerateRoute,它是导航的路径生成器,需要传入一个方法,这个方法需要的一个参数是 RouteSettings,代码如下所示:

```
onGenerateRoute: (RouteSettings settings){}//导航路径生成器
```

方法需要返回导航路径 route,可以返回 MaterialPageRoute。代码如下:

```
// Chapter06/06 - 12/lib/main.dart
…
onGenerateRoute: (RouteSettings settings){   // 路径生成器
    return MaterialPageRoute < bool >(builder: (context) {
        return
NewsDetailPage(_news[index]['title'], _news[index]['image']);
      }
    }
    …
```

虽然返回了导航路径 route,但是还不知道需要加载哪个资讯 news。在(RouteSettings settings){}方法体中可以添加更多的控制,settings 参数中保存着很多导航信息。在方法中添加 final List < String > paths = settings. name. split('/'),就可以把路径通过斜杠分隔,找到路径 news 及它对应的索引。例如/news/1 就可以被解析成 news 和 1。

这样就可以得到路径中的元素,首先需要找到 news 这个路径,添加 if 判断 paths[0]。/news/1 按照 settings. name. split('/')这种方式获取的第一个元素必须为空,如果不为空则返回 null,表示不想加载任何页面,因为这不是一个合法的值。

然后核对一下 paths 中的第二个元素是否等于 news,我们只想处理/news 开头的路径,如果以 news 开头则把详情页面的导航路径 route 放到这里。代码如下:

```
// Chapter06/06 - 12/lib/main.dart
…
if (paths[0] != '') {                    // 导航路径中的第一个元素
  return null;                           // 不加载任何页面
}

if (paths[1] == 'news') {                // 如果第二个元素为 news 则导航到详情页
  return MaterialPageRoute < bool >(builder: (context) {
```

```
returnNewsDetailPage (
_news[index]['title'],
_news[index]['image']);
  });
}
…
```

NewsDetailPage 资讯详情页需要传递标题和图片数据。找到对应的资讯 news,需要知道 news 列表中对应的索引 index,所以在 if (paths[1] == 'news') {}中需要创建一个 int 类型的变量 index,索引 index 是 paths 中的第 3 个元素,同时需要把 String 类型的 index 转换成 int 类型。

在 Dart 语言中,我们可以通过 int. parse()方法把 String 类型的数字转化成 int 类型的数字,代码如下:

```
final int index = int.parse(paths[2]);        //获取路径中第 3 个元素
```

然后在方法的最后返回 null,表示如果没有合法的路径将不会加载页面。在 main. dart 文件中,没有_news 这个属性。下一节我们将把_news 这个属性放到 main. dart 文件中。

6.13　导航页面的整理与优化

在 App 中有两个不同的部分需要同一组数据 news,可以把小部件 NewsManager 中的 news 数据放到 main. dart 文件中,这就意味着 main. dart 文件包含了一组数据,需要把 Myapp 从 StatelessWidget 改成 StatefulWidget。代码如下:

```
// Chapter06/06 – 13/lib/main. dart
…
class Myapp extends StatefulWidget {          // 改成有状态的小部件
  @override
  State < StatefulWidget > createState() {     // 创建状态的方法
    return _MyappState();                       // 返回对应的状态
  }
}

class _MyappState extends State < Myapp >{     // 创建状态类
  @override
  Widget build(BuildContext context) {         // 状态类中的 build()方法
…
```

把 List < Map < String, dynamic >> _news = []放到_MyappState 中管理,同时需要把 _addNews 和_deleteNews 也放到 main. dart 中,代码如下:

```
// Chapter06/06 – 13/lib/main. dart
```

```
…
List < Map < String, String >> _news = [];          // news 属性
void _addNews(Map < String, String > news) {        // 添加 news 的方法
setState(() {                                        // 重新构建
    _news.add(news);                                 // 添加资讯 news
  });
 }

void _deleteNews(int index) {                        // 通过索引删除 news
setState(() {                                        // 重新构建
    _news.removeAt(index);                           // 删除数据
  });
 }
…
```

因为我们把数据放到了 main. dart 中,所以 NewsManager 可以改成 StatelessWidget,只保留 build()方法,代码如下:

```
// Chapter06/06 - 13/lib/news_manager.dart
class NewsManager extends StatelessWidget {         // 改成无状态小部件
final List < Map < String, String >> news;          // 定义属性 news
  final Function addNews;                            // 方法属性添加资讯
  final Function deleteNews;                         // 方法属性删除资讯
NewsManager(this.news, this.addNews, this.deleteNews); // 构造器
  @override
  Widget build(BuildContext context) {              // build()方法
    return Column(                                  // 列小部件
      children: < Widget >[
NewsControl(addNews),                               // 添加资讯的按钮
      News(                                         // 资讯列表
        news: news,
deleteNews: deleteNews,
      ),
    ],
  );
 }
}
```

在 NewsListPage 页面中,需要构建新的 NewsManager。同样需要使用构造器传递数据,在 NewsListPage 页面中,添加属性和构造器,代码如下:

```
// Chapter06/06 - 13/lib/pages/news_list.dart
…
final List < Map < String, dynamic >> news;         // 定义属性 news
final Function addNews;                             // 方法属性添加资讯
final Function deleteNews;                          // 方法属性删除资讯
NewsListPage(this.news, this.addNews, this.deleteNews);   //构造器
…
```

然后在 NewsListPage 页面创建 NewsManager 小部件，并将这 3 个属性添加到构造器中，代码如下：

```
NewsManager(news,addNews,deleteNews)                    //创建 NewsManager 小部件
```

在 main.dart 文件中，将首页设置为资讯列表页面，代码如下：

```
// Chapter06/06-13/lib/main.dart
…
routes: {
'/admin': (context) {                    // 路径导航名称
  return ManageNews();                    // 资讯管理页面
},
'/': (context) {                    // 路径导航名称
  return NewsListPage(_news,_addNews,deleteNews);    // 资讯列表页
},
}
…
```

下一节将介绍如何使用导航路径生成器。

6.14 使用导航路径生成器

上一节我们整理了页面，包括状态迁移，数据迁移。6.12 节我们创建了导航路径的注册表，还学习了 onGenerateRoute 导航路径生成器。onGenerateRoute 可以自定义传递路径名称，并从路径中提取值或索引。

在 news.dart 文件中，可以使用命名路径导航到详情页面。在单击资讯列表中的"详情"按钮时可以传入一个命名路径，它可以在 onGeneratRoute 中处理，因为在 onGeneratRoute 的方法中我们编写逻辑代码，从路径中提取列表中索引的值。这里把 push 改成 pushNamed，代码如下：

```
// Chapter06/06-14/lib/news.dart
…
FlatButton(                    // 资讯列表中的详情按钮
child: Text('详情'),                    // 按钮上的文字
onPressed: () =>                    // 按钮的单击事件
Navigator.pushNamed < bool >(context, '/news/' + index.toString()
).then((value){                    // 命名导航路径
  if(value){
deleteNews(index);                    // 返回到当前页面时调用删除方法
  }
}),
),
…
```

pushNamed()方法的泛型还是 bool 类型,传递参数 context 和路径名称,记住名称以斜杠开始,因为在 onGenerateRoute 的第一个 if 中验证这个斜杠,如果不以斜杠开始,就不会执行后面的逻辑。斜杠后面是 news,因为我们在第二个 if 中检查这个名称,如果存在 news,会获取路径中的最后一个值,然后转换成 int。最后一个值是 news 列表中的索引,所以这里使用的是'/news/'+index. toString()。在 Dart 语言中,加号可以使两个 String 拼接在一起。这样我们就可以使用命名路径导航,还可以通过命名导航路径动态加载数据。

同时,我们把状态数据移到 main. dart 文件中,这一步很重要,因为当我们通过抽屉式导航切换到资讯管理 manage_news. dart 页面后,再导航到资讯列表页面 news_list. dart 时,我们还能看到之前在 news_list. dart 中添加的资讯内容。因为使用命名路径的页面被 MaterialApp 小部件管理,而不是在将被销毁的页面上管理页面,MaterialApp 管理的页面不会被销毁,除非退出 App,所以这是应用的另一个提升。

在使用 onGenerateRoute 来处理命名路径导航时,对应的路径不应该出现在导航路径注册表中。如果路径在导航路径的注册表 routes:{}中注册了,那么这个路径将不会执行 onGenerateRoute 中的逻辑,如果没有注册,可以将路径名称传递到 onGenerateRoute 中,并导航到目标页面。

在 MaterialApp 中,还有一个与路径相关的参数 onUnknownRoute,表示当 onGenerateRoute 返回 null 时 onUnknownRoute 会被执行。这里可以展示一些备用页面,通过 MaterialPageRoute 返回对应的页面。代码如下:

```
// Chapter06/06 - 14/lib/main. dart
…
onUnknownRoute: (RouteSettings settings){          // 备用页面
    return MaterialPageRoute(                        // 返回路径
builder: (context) {
     return NewsListPage(_news,_addNews,_deleteNews);// 列表页
    });
    },
…
```

这样当导航找不到对应的页面时,可以返回到主页。

6.15　对话框

本章的以上内容创建的都是占满全屏的页面。Flutter 还可以使用导航在屏幕上显示一些叠加层,而不是替换整个页面,我们通常称它们为模态窗口或者对话框。

下面实现在资讯详情页 NewsDetailPage 中单击返回按钮时,弹出一个对话框页面。在 news_detail. dart 中单击按钮事件,首先展示对话框页面,通过调用 showDialog()方法来创建,showDialog()是 Flutter 中 material 包提供的,所以可以直接使用。调用 showDialog() 将显示一个对话框,showDialog()需要传入 context 和 builder 参数,表示需要构建什么内

容,它的值是一个方法。方法中需要返回一个小部件,表示对话内部需要返回的内容,可以
自己组装内容,也可以使用 Flutter 提供的小部件 AlertDialog。AlertDialog 定义了一个默
认的对话框,参数中我们可以配置一些内容,例如 title,表示顶部标题栏,另外一个参数是
content,表示显示的主要内容。最后添加 actions 参数,也是一组小部件,这里可以是一组
按钮,我们添加两个 FlatButton,代码如下:

```
// Chapter06/06‐15/lib/pages/news_detail.dart
…
RaisedButton(                                      // 详情页的返回按钮
  color: Theme.of(context).accentColor,            // 按钮上的强调色
    child: Text('返回'),                             // 按钮上的文字
onPressed: () {                                     // 单击事件
showDialog(context:context,builder: (BuildContext context) {   // 弹出对话框
       return AlertDialog(                          // 对话框小部件
        title: Text('确定吗'),                        // 对话框上的标题
        content: Text('删除后不可以撤销!'),            // 对话框中的内容
        actions: <Widget>[                          // 对话框下面小部件
FlatButton(                                         // 无背景色的按钮
          child: Text('删除'),                        // 按钮上的文字
onPressed: () {},                                   // 按钮上的单击事件
        ),
FlatButton(                                         // 无背景色的按钮
          child: Text('取消'),                        // 按钮上的文字
onPressed: () {},                                   // 按钮上的单击事件
       )
     ]   );
  });
 },
)
…
```

下一步给对话框中的按钮添加单击事件。对话框也是由 Navigator 控制的,所以可以
调用 navigator.pop(context)来关闭对话框,而不是页面。

如果单击“删除”按钮,可以先调用 navigator.pop(context)。这里也可以添加第二个参
数,表示给上一个页面返回值,然后在 showDialog()方法后面添加 then 监听。本示例不返
回值,在 navigator.pop(context)下面添加 navigator.pop(context, true),表示对话框关闭
后再弹出当前页面,并给前一个页面返回 true。代码如下:

```
// Chapter06/06‐15/lib/pages/news_detail.dart
…
actions: <Widget>[                                 // 对话框下面的小部件
FlatButton(                                         // 无背景色的按钮
    child: Text('删除'),                             // 按钮上的文字
onPressed: () {                                     // 按钮上的单击事件
Navigator.pop(context);                             // 关闭对话框
Navigator.pop(context, true);                       // 弹出当前页面
    },
```

```
    ),
FlatButton(                                    // 无背景色的按钮
    child: Text('取消'),                        // 按钮上的文字
onPressed: () {                                // 按钮上的单击事件
Navigator.pop(context);                        // 关闭对话框
    },
  )
],
…
```

我们可以把 showDialog 分离出来，添加一个方法_showDialogWarning()，参数需要传入 BuildContext 类型的 context，把 showDialog 代码放到_showDialogWarning()方法中。代码如下：

```
…
_showDialogWarning(BuildContext context){      // 分离 showDialog 方法
showDialog(
…
```

在返回按钮这里需要在方法中调用_showDialogWarning(context)，代码如下：

```
…
onPressed: () => _showDialogWarning(context),  // 调用弹出框
…
```

这样在单击返回按钮的时候就会弹出对话框，如图 6.11 所示。

图 6.11　对话框显示效果

6.16 模态弹出层

本节学习模态弹出层,在创建资讯 create_news. dart 页面中,使用 RaisedButton 替换居中的文字,并给按钮添加文字。代码如下:

```
// Chapter06/06 - 16/lib/pages/create_news.dart
…
body:RaisedButton(                          // 有背景色的按钮
    child: Text('保存'),                     // 按钮上的文字
    onPressed: (){},                        // 按钮上的单击事件
    ),
…
```

要实现单击按钮弹出一个模态层,可以给参数 onPressed 赋值一个匿名方法,方法中调用 Flutter 提供的 showModalBottomSheet()方法,这个方法会从底部显示一个模态弹出层,showModalBottomSheet 需要 context 和 builder 两个参数。builder 参数需要传入一个方法,方法中返回一个小部件。模态弹出层不像对话框有特定的小部件,但是可以简单地定义一个,代码如下:

```
// Chapter06/06 - 16/lib/pages/create_news.dart
…
onPressed: () {                             // 创建资讯按钮的单击事件
showModalBottomSheet(                       // 模态弹出层
  context: context,                         // 上下文
  builder: (BuildContext context) {         // 构建内容
    return Center(                          // 居中显示
      child: Text('这是一个弹出层'),          // 文字小部件
    );
  });
},
…
```

保存并重启应用,在创建资讯页面,单击保存,模拟器显示如图 6.12 所示。

模态弹出层也是由 Navigator 控制的,所以可以使用 Navigator 中的 pop()等方法。

以上就是页面导航的全部内容,后面的章节会经常用到,所以需要理解透彻。

6.17 总结

本章我们学习了压入和弹出页面,理解了页面栈,Navigator 不会直接导航页面,而是导航路径 route,例如 MaterialPageRoute。路径 route 中包含 builder,builder 可以构建一个页面小部件。我们还学习了向前向后传递参数,如何使用 then()方法、命名导航等。

图 6.12   模态弹出层显示效果

　　在 MaterialApp 中可以创建一个全局的导航路径注册表,然后从应用程序的任何位置定位这些名称并导航到路径对应的页面,而无须使用 MaterialPageRoute 编写样板内容。命名路径生成器 onGenerateRoute 可以实现自定义路径,并通过路径传递数据和处理逻辑。onUnknowRoute 可以实现一个备用的 404 页面。我们还学习了对话框和模态弹出层,它们也是由 Navigator 控制的。

第7章

处理用户输入

本章学习 Flutter 的用户输入。第 13 章还会介绍用户输入的高级功能。本章将学习如何添加文本框和其他用户输入类型，并监听用户所做的更改，例如用户输入信息或单击按钮保存时。这些功能都是常见的功能，用户在应用中可以通过用户输入的方式添加一些数据。

7.1　使用文本框 TextField 并保存用户输入内容

在创建页面 create_news. dart 中，有一个模拟的添加按钮。我们可以在这个页面中添加文本框，让用户添加一些内容，例如标题、描述、图片等。

首先添加 3 个文本框，在 CreateNewsPage 中显示 3 个文本框，并让它们彼此上下排列，所以使用 Column 小部件，然后给参数 children 赋值，值是 Flutter 提供的小部件 TextField。TextField 允许用户输入文字，这样就实现了用户输入。代码如下：

```
// Chapter07/07 - 01/lib/pages/create_news.dart
…
class CreateNewsPage extends StatelessWidget {          // 创建资讯页面
  @override
  Widget build(BuildContext context) {                 // 覆盖 build()方法
    return Scaffold(                                    // Scaffold 页面
      body: Column(children: < Widget >[                // 列小部件
TextField()                                             // 文本框
      ],),
    );
  }
}
…
TextField(
    onChanged: (String value) {                         // 改变文本框中内容时调用

    }
```

如何把文本框中的内容显示在 Text 中呢？实现这个功能需要管理内部的状态，因为从 TextField 中获取数据,需要在 Text 中显示,并且显示的内容是变化的,所以需要一个内部的数据,因此 CreateNewsPage 需要继承 StatefulWidget。然后在 _CreateNewsPageState 中添加一个 String 类型属性的 title,给它一个空的初始值。代码如下:

```
// Chapter07/07 - 01/lib/pages/create_news.dart
...
class CreateNewsPage extends StatefulWidget {          // 有状态小部件
  @override
  State < StatefulWidget > createState() {              // 覆盖 createState
    return _CreateNewsPageState();                      // 返回状态类
  }
}

class _CreateNewsPageState extends State < CreateNewsPage >{
  String title = '';                                    // 内部数据 title
...
```

在 onChanged()方法中调用 setState()方法,setState()方法中需要传入一个方法,该方法把 value 赋值给 title,这样就把用户输入的数据和 title 绑定在一起了。当调用 setState()方法时会重新渲染界面。代码如下:

```
// Chapter07/07 - 01/lib/pages/create_news.dart
...
onChanged: (String value) {                            // 改变文本框中内容时调用
setState(() {                                          // 重新渲染页面
    value = title;                                     // 文本框中的内容赋值给属性 title
  });
}
...
```

然后把 title 传给 Text 小部件,代码如下:

```
// Chapter07/07 - 01/lib/pages/create_news.dart
...
TextField(
onChanged: (String value) {                            // 改变文本框中内容时调用
setState(() {                                          // 重新渲染页面
title = value;                                         // 文本框中的内容赋值给属性 title
  });
},
),
Text(title)                                            // Text 小部件显示属性 title 的值
...
```

保存并重启应用,在创建资讯页面的文本框中输入一些内容时,下面的文字小部件显示的内容和输入的文本是一样的,如图 7.1 所示。

图 7.1　文本框中的内容和 Text 小部件

　　以同样的方式再添加两个 TextField，其中一个是描述，另一个是评论分数，描述是一个多行文本，代码如下：

```
// Chapter07/07 – 01/lib/pages/create_news.dart
…
TextField(                                        // 标题文本框
onChanged: (String value) {                       // 改变文本框中内容时调用
setState(() {                                     // 重新渲染页面
    title = value;                                // 文本框中的内容赋值给属性 title
  });
},
),
TextField(                                        // 描述文本框
onChanged: (String value) {                       // 改变文本框中内容时调用
},
),
TextField(                                        // 分数文本框
onChanged: (String value) {                       // 改变文本框中内容时调用
},
```

```
    ),
    …
```

分数需要显示数字键盘。下一节学习怎样实现。

7.2　配置文本框 TextField

首先在_CreateNewsPageState 中添加两个属性，一个是 String 类型的 description 属性，另一个是 double 类型的 score 属性，并把 score 初始化为 0.0，这里也可以不初始化，代码如下：

```
// Chapter07/07 - 02/lib/pages/news_detail.dart
…
String title = '';                    // 资讯标题
String description = '';              // 资讯描述
double score = 0.0;                    // 资讯分数
…
```

属性创建完成后，在第二个 TextField 中，把 value 赋值给 description。在第三个 TextField 中把 value 赋值给 score。这时 IDE 报错，因为 value 是 String 类型，而我们想保存的属性为 double 类型，可以通过 double.parse()方法进行转换。代码如下：

```
// Chapter07/07 - 02/lib/pages/news_detail.dart
…
TextField(                            // 资讯描述
onChanged: (String value) {           // 改变文本框中内容时调用
    description = value;              // 文本框中的内容赋值给属性 description
  },
),
TextField(                            // 资讯分数文本框
onChanged: (String value) {           // 改变文本框中内容时调用
    score = double.parse(value);      // 将 String 类型的数字转化成 double
  },
),
…
```

TextField 可以设置用户的输入键盘，TextField 小部件中参数 keyboardType 表示用户的输入类型，它的值的类型是 TextInputType。在 TextInputType 后面加点后，在 IDE 中可以看到很多类型，例如时间类型、e-mail 类型等。在第三个 TextField 中使用 TextInputType.number 类型，表示用户在输入第三个文本框时，弹出的是一个数字键盘。在第二个 TextField 中，需要实现可以输入多行文本，可以设置参数 maxLines 的值。代码如下：

```
// Chapter07/07 - 02/lib/pages/news_detail.dart
```

```
…
TextField(                              // 资讯描述
maxLines: 5,                            // 文本框显示可以输入 5 行
onChanged: (String value) {            // 改变文本框中内容时调用
  description = value;                 // 文本框中的内容赋值给属性 description
},
),
TextField(                              // 资讯分数文本框
keyboardType: TextInputType.number,    // 只显示数字键盘
onChanged: (String value) {            // 改变文本框中内容时调用
  score = double.parse(value);         // 文本框中的内容赋值给属性 score
},
),
…
```

7.3　设置文本框 TextField 样式

文本框的样式可以通过参数 decoration 设置，decoration 值的类型是 InputDecoration。我们实例化一个 InputDecoration 对象，然后在 InputDecoration 中可以设置很多参数来装饰 TextField，例如添加边框、边距、记录字数的计数器、错误的显示方式等。

在第一个 TextField 中，可以使用 InputDecoration 添加文本框的标题。在 InputDecoration 中参数 labelText 可以设置标题，labelText 的值是 String 类型，代码如下：

```
// Chapter07/07 - 03/lib/pages/create_news.dart
…
TextField(
    decoration: InputDecoration(        // 设置 TextField 的样式
labelText: '资讯标题'                     // 设置标签文本
    ),
onChanged: (String value) {
…
```

保存后显示如图 7.2 所示。

此时显示的 TextField 缺少间距，在 InputDecoration 中可以设置很多内容，例如可以设置很多 TextField 的内部样式，但是无法设置它的位置。在 TextField 中参数 style 表示设置文本的样式，例如输入文字的颜色。在 TextField 中没有设置间距的参数，但是可以在 TextField 的外面加一个 Container，用 Container 小部件设置间距，代码如下：

```
// Chapter07/07 - 03/lib/pages/create_news.dart
…
Container(                              // 设置 TextField 之间的间距
    margin: EdgeInsets.all(10.0),       // 外间距设置为 10 像素
```

图 7.2　文本框中的标签文本

```
    child: TextField(                        // 文本框小部件
        decoration: InputDecoration(labelText: '资讯标题'),//标题
onChanged: (String value) {                  // 改变文本框中内容时调用
setState(() {                                // 重新渲染页面
        title = value;                       // 文本框中的内容赋值给属性 title
      });
    },
  ),
)
…
```

使用同样的方式给另外两个 TextField 添加标签文本和间距,保存后模拟器上的显示效果如图 7.3 所示。

在文本输入的页面中,需要把 Colum 小部件改成 ListView 小部件。这样当文本框过多时,即使页面高度超过屏幕的高度也不会报错。创建资讯页面还缺少一个按钮来提交数据。

我们的目标是通过创建资讯页面创建一条新的资讯,并显示到资讯列表 NewsListPage

图 7.3　设置文本标签和间距

页面上。首先在 TextField 下面加一个 RaisedButton 按钮，代码如下：

```
// Chapter07/07-03/lib/pages/create_news.dart
…
RaisedButton(                              // 创建资讯页面的创建按钮
    child: Text('创建'),                    // 按钮上的文字
    onPressed: (){},)                      // 按钮的单击事件
…
```

在单击事件的方法中可以验证_CreateNewsPageState 中 3 个属性是否合法，然后把创建的这个资讯传到 main.dart 文件中，因为 news 这组数据在 main.dart 文件中管理。我们还需要使用 main.dart 中的_addNews()方法来创建一个新的 news。现在 news 只包含硬编码的标题和图片，没有描述和分数，而我们的目标是跟 main.dart 建立联系，那么怎样实现呢？

在 main.dart 文件中，我们通过 ManageNews 页面，加载创建资讯的页面 CreateNewsPage，可以把 main.dart 文件中的_addNews()方法传递给 ManageNews 页面，再把_addNews()传递到 CreateNewsPage 页面。

7.4　保存文本框中内容

因为我们在 CreateNewsPage 中创建资讯 news,所以在 news_list. dart 中不再需要 addNews()方法和 deleteNews()方法,把它们都删除,按钮也删除。在 News 小部件中也删除 addNews()方法和 deleteNews()方法,构造器也需要修改。news_control. dart 这个文件不需要了,直接删除即可。

现在怎样添加一个资讯 news 呢? 在 main. dart 文件中给 ManageNews 页面传递 addNews()和 deleteNews()两个方法。代码如下:

```
// Chapter07/07 - 04/lib/main. dart
…
'/admin': (context) {                            // 命名路径
  return ManageNews(_addNews,_deleteNews);    // 给资讯管理页面传入方法
}
…
```

因为需要在 CreateNewsPage 页面中触发 addNews()方法,所以需要把 addNews 的引用传递给 CreateNewsPage 页面。下面需要以构造器和属性的方式传递方法引用。首先在 ManageNews 页面中添加两个属性,它们是方法类型,用 final 修饰。代码如下:

```
// Chapter07/07 - 04/lib/pages/manage_news. dart
class ManageNews extends StatelessWidget {    // 管理资讯页面
  final Function addNews;                      // 添加资讯的方法属性
  final Function deleteNews;                   // 删除资讯的方法属性
ManageNews(this. addNews, this. deleteNews);   // 构造器方式赋值
…
```

在 CreateNewsPage 页面中也需要定义一个方法属性 addNews,创建一个构造器方法,把传入的 addNews 引用赋值到这个属性中。通过创建这个传值链条,addNews()方法最终可以在 CreateNewsPage 中使用。代码如下:

```
// Chapter07/07 - 04/lib/pages/create_news. dart
…
RaisedButton(                                  // 创建资讯页面的创建按钮
    child: Text('创建'),                        // 按钮上的文字
onPressed: (){                                 // 按钮的单击事件
widget. addNews();                             // 调用添加方法
    },)
…
```

在 main. dart 中需要一个完整的 news 并将其添加到 news 列表中,因此需要创建一个 Map,key 的类型是 String,值的类型是动态的。因为_CreateNewsPageState 中有一个分数的属性,在按钮单击事件的方法中,创建一个 Map 类型的变量,代码如下:

```
// Chapter07/07 - 04/lib/pages/create_news.dart
…
onPressed: (){                            // 按钮的单击事件
  Map < String, dynamic > news            // 创建一个 Map 类型的变量
= {'title':title,'image':'assets/news1.jpg','description':description,'score':score};
                                          // 图片使用硬编码形式赋值
widget.addNews(news);                     // 调用 main.dart 中的添加方法
},)
…
```

把项目中 Map 泛型改成 < String, dynamic >，保存并重启应用后，添加一个资讯 news，然后通过抽屉式导航来到资讯列表页面，我们发现资讯创建成功了，如图 7.4 所示。

图 7.4　添加资讯后的资讯列表页面

7.5　优化文本框显示

现在可以优化一下界面，有一个常用小部件 SizedBox 可以调整间距，它不渲染任何内容，只会添加一些空间，例如宽度、高度。按钮上面可以添加高度为 10 像素的空间，代码如下：

```
SizedBox(height: 10,),  //在文本框和按钮之间添加 10 像素的高度
```

同时优化一下按钮的颜色，设置按钮的背景色为主题中的颜色。如果要修改按钮上文

字的颜色,可以设置参数 textColor 的值,例如使用白色。代码如下:

```
// Chapter07/07-05/lib/pages/create_news.dart
…
RaisedButton(
    color: Theme.of(context).accentColor,    // 按钮的背景色
    textColor: Colors.white,                 // 按钮上文字的颜色
    child: Text('创建'),                      // 按钮上的文字
…
```

现在看一下如何实现在单击"创建"按钮之后,回到资讯列表页面。上一章我们学习了 Flutter 导航的相关知识,让我们在这里实践一下。在 main.dart 中,我们通过命名路径的方式设置了资讯列表页面 NewsListPage 的导航路径为'/',所以在调用 addNews()方法后使用命名路径的方式跳转页面。代码如下:

```
Navigator.pushReplacementNamed(context, '/');//跳转到资讯列表页面
```

_CreateNewsPageState 中的这 3 个属性都是私有的,所以在属性前面加上下画线,使用属性的地方也需要修改一下。

7.6　使用开关 Switch 小部件

下面给创建资讯页面添加验证功能,例如在文本框下面添加开关,表示是否同意应用协议。可以在按钮的上面添加 Switch 小部件,Switch 是一个开关小部件。把鼠标悬停在 Switch 上,显示参数 value 和 onChanged 是必须赋值的。

Switch 是一个需要管理状态的小部件,通过状态值来显示 Switch 的样式,所以需要设置一个值,值是一个布尔类型,这里设置为 true,代码如下:

```
Switch(value:true),                    //给开关小部件设置值
```

这样还不行,还需要设置 onChanged 参数,添加一个方法,方法中需要一个布尔参数来告诉这个开关是开的还是关的。代码如下:

```
Switch(value:true,onChanged: (value){},),    //设置参数 onChanged
```

这里的 value 是布尔类型的。保存后可以看到这个开关显示出来了,但是太宽了,默认它会占据全部宽度,需要处理一下。可以使用另外一个小部件 SwitchListTile,参数不变但需要添加一个标题,例如一个文本小部件'接受条款'。代码如下:

```
// Chapter07/07-06/lib/pages/create_news.dart
…
SwitchListTile(                        // SwitchListTile 开关小部件
    title: Text('接受条款'),            // 开关的标题
    value: true,                       // 开关的值
    onChanged: (value) {},             // 改变开关状态时调用 onChanged()方法
```

```
),
…
```

此时开关可以通过拖动改变其状态，单击开关改变不了它的状态。要想通过单击改变开关的状态，需要管理一个内部状态，所以需要在_CreateNewsPageState 添加布尔类型属性，例如_accept，设置它为 false，代码如下：

```
bool _accept = false;
```

把_accept 赋值给开关 SwitchListTile 中的 value 参数，这样开关这个小部件的值就是有状态的了。要使开关变化需要在 onChanged()方法中添加 setState()方法，然后传入一个方法，方法中把 value 赋值给_accept 属性。代码如下：

```
// Chapter07/07 - 06/lib/pages/create_news.dart
…
SwitchListTile(                          // 开关小部件
    title: Text('接受条款'),               // 开关的文字
    value: _accept,                      // 开关的状态
    onChanged: (value) {                 // 改变开关状态时调用此方法
    setState(() {                        // 重新渲染页面
    _accept = value;                     // 把开关当前的值赋值给_accept 属性
    });
},
…
```

现在可以单击这个开关来切换状态了，如图 7.5 所示。

图 7.5 开关 SwitchListTile 小部件

7.7　总结

本章我们学习了使用 TextField 获取用户输入的数据，并且优化了 TextField 的显示，还学习了如何设置键盘的类型。除了 TextField 我们还学习了开关 Switch 小部件。

第8章

深入学习 Flutter 小部件

之前的章节我们学习并使用了一些小部件。本章将深入学习更多的小部件,同时学习如何使用并配置它们,以及如何组合小部件、与小部件交互等,这对构建灵活的用户界面很重要,让我们开始吧!

8.1 Flutter 官网探索小部件

如何找到更多的小部件呢? Flutter 官方网站提供很多内容。使用浏览器打开 http://flutter.dev,如图 8.1 所示。

图 8.1　Flutter 官网

单击页面右上角的"Get started"按钮,然后在新的页面上单击页面左侧的"Widget catalog"按钮,如图 8.2 所示。

页面上显示了很多类别的小部件。例如之前章节中经常使用的 Material Components

图 8.2　Flutter 官网的 Widget catalog

小部件,它是一个很基本的小部件类别。在 Basics 分类中,包含很多常用的小部件,例如行小部件 Row、列小部件 Column、图片小部件 Image、文字小部件 Text、图标小部件 Icon、页面小部件 Scaffold、导航栏小部件 AppBar、按钮小部件 RaisedButton 等。在 Material Components 小部件中包含页面小部件 Scaffold、导航栏小部件 AppBar、按钮小部件 RaisedButton,还有一些我们没有使用过的按钮,例如浮动按钮 FloatingActionButton 等。

任何一个小部件都可以通过查看文档的方式了解详细的信息,包括这个小部件能呈现什么效果,它有哪些特性。文档中还可以单击链接深入学习,有的小部件还包含示例代码。在文档中还可以看到小部件类中的属性和方法,单击属性和方法可以继续了解更多的内容等。

我们通过官网文档的探索,可以了解 Flutter 提供了哪些小部件及怎样使用它们,别担心 Flutter 中包含这么多的小部件,因为有一些小部件做的是相同的事情,最终我们只会经常使用 10～20 个小部件来构建应用中的主要内容。

8.2　使用不同的小部件完成同一个目标

到目前为止我们已经使用了很多小部件,包含一些核心的小部件。现在试试用不同的小部件来实现同样的显示效果。

在 news.dart 文件中,我们创建了 News 小部件,它包含 Card 小部件。在 Card 小部件中,资讯标题显示在图片的下面,代码如下:

```
// Chapter08/08 - 02/lib/news.dart
…
Image.asset(news[index]['image']),          // Card 中的图片小部件
  Text(                                     // Card 中的文字小部件
    news[index]['title'],
  )
…
```

现在在标题和图片之间加一些间距，通常有 3 种方法来实现。首先可以在图片和文字间加上 SizedBox(height：10.0,)，SizedBox 只是一个简单的占位小部件，不会显示任何内容，SizedBox 既可以设置高度也可以设置宽度，SizedBox(height：10.0,)表示垂直间距是10 像素，这是第一种方式。

如果给一个小部件的四周都添加间距，可以使用另一种方法。在当前小部件外部创建一个 Container。Container 包含多种属性，可以设置子部件的对齐方式、背景色、边框、阴影及 Container 高度和宽度，还可以设置它的内边距和外边距等，所以可以把标题放在Container 中并设置它的外边距，代码如下：

```
// Chapter08/08 - 02/lib/news.dart
…
Container(
    margin: EdgeInsets.only(top:10.0),       // 设置顶部外边距
    child: Text(                             // 文字小部件
      news[index]['title'],
    ),
    ),
…
```

Container 还可以设置 padding 内间距，它和外间距 margin 不同，padding 是 Container中的内间距。Container 可以替换成 Padding，Padding 也是一个小部件，表示只使用内间距，而不使用其他的间距配置。Container 小部件相对灵活而且容易理解。

使用哪种方式实现不重要，重要的是需要知道使用小部件中的哪个特性可以满足需求。我们通常使用 10～20 个常用的小部件，可能偶尔使用其他不常用小部件。

8.3 文本小部件 Text 和行小部件 Row

在标题的后面填加一个资讯分数的标签，并且设置文本字体的大小。代码如下：

```
// Chapter08/08 - 03/lib/news.dart
…
Container(
    margin: EdgeInsets.only(top:10.0),       // 资讯标题的外边距
    child: Text(
     news[index]['title'],                   // 标题文字
```

```
      ),
      ),
    Text(news[index]['score'].toString()),     // 资讯分数
  …
```

在文本小部件 Text 中可以设置很多参数,其中参数 style 可以设置字体和字体大小等,它的值类型是 TextStyle,代码如下:

```
// Chapter08/08 - 03/lib/news.dart
…
Text(
    news[index]['score'].toString(),           // 资讯分数
    style: TextStyle(                           // 字体样式
fontSize: 20,                                   // 字体大小
fontWeight: FontWeight.bold                     // 字体的粗细
    ),
  ),
…
```

把资讯分数显示到资讯标题 title 的右侧,需要使用 Row 小部件来实现,Row 小部件可以让它的子部件水平排列,所以可以在资讯标题和资讯分数外面加上 Row 小部件。Row 有一个 children 参数,把资讯标题 Container 和资讯分数 Text 放在小部件数组中,代码如下:

```
// Chapter08/08 - 03/lib/news.dart
…
Row(                                            // 行小部件
    children: < Widget >[
      Container(                                // 标题 Container
        margin: EdgeInsets.only(top: 10.0),     // 上边距
        child: Text(                            // 文本小部件
          news[index]['title'],                 // 标题
        ),
      ),
      Text(                                      // 资讯分数文本
        news[index]['score'].toString(),        // 分数
        style: TextStyle(                        // 字体样式
fontSize: 20,                                    // 字体大小
            fontWeight: FontWeight.bold),        // 字体粗细
      ),
    ],
  ),
…
```

保存并重启应用,会发现资讯标题和资讯分数左右排列了,如图 8.3 所示。

图 8.3　Row 的显示效果

我们可以通过添加间距和设置居中优化显示，代码如下：

```
// Chapter08/08 - 03/lib/news.dart
…
Row(                                      // 行小部件
mainAxisAlignment: MainAxisAlignment.center,   // 水平居中显示
children: < Widget >[
    Container(                            // 标题 Container
      margin: EdgeInsets.only(top: 10.0),      // 上边距
      child: Text(                        // 文本小部件
        news[index]['title'],             // 标题
      ),
    ),
      SizedBox(width: 10,),               // 添加水平间距
    Text(                                 // 资讯分数文本
      news[index]['score'].toStrinq(),    // 分数
      style: TextStyle(                   // 字体样式
fontSize: 20,                             // 字体大小
```

```
                       fontWeight: FontWeight.bold),// 字体粗细
            ),
        ],
      ),
    …
```

8.4　修饰小部件 BoxDecoration

我们可以使分数显示得与众不同,例如给分数添加背景色、边框、圆边角等。把文本小部件放到小部件 DecoratedBox 中,DecoratedBox 可以给它的子部件很容易地添加一些修饰。小部件 DecoratedBox 需要设置参数 decoration,参数 decoration 的值的类型是 BoxDecoration。代码如下:

```
// Chapter08/08 - 04/lib/news.dart
…
DecoratedBox(                                      // 修饰小部件
     decoration: BoxDecoration(                    // 修饰参数 decoration
color: Theme.of(context).accentColor              // 设置颜色
),        child: Text(                            // 资讯分数
     news[index]['score'].toString(),             // 分数的值
     style: TextStyle(                            // 字体样式
fontSize: 20,                                     // 字体大小
fontWeight: FontWeight.bold),                     // 字体粗细
     ),
   )
…
```

在 BoxDecoration 中可以设置各种各样的样式,例如颜色、圆角效果、阴影效果等。如果需要更改为显示高度、对齐方式或添加边距,就无法通过 DecoratedBox 更改。我们可以把 DecoratedBox 替换成 Container,因为 Container 包含参数 declaration,这样就可以更灵活地设置样式了。

在 BoxDecoration 中参数 BorderRadius 表示给 Container 加圆角效果,它的值可以这样写 BorderRadius. circular(5.0)。保存后可以看到圆角的显示效果,如图 8.4 所示。

有些时候我们需要使用从表达式的动态值中生成的文本,可以使用 $ 表示它后面的属性或变量将作为字符串的一部分输出,它会自动合并到字符串。例如只有一个 news 属性,可以这样写'$news'. news[index]['score']. toString()表达式,可以写成'${news[index]}['score']. toString()}'整个表达式会被合并成字符串,这是 Dart 语言的特性。如果使用一些特殊字符,这里可以写成'\$ ${news[index]['score']. toString()}'。

图 8.4　圆角的显示效果

8.5　理解 Expanded 和 Flexible

我们学习了很多小部件，有两个重要小部件可以实现排列功能，一个是行 Row 小部件，另一个是列 Column 小部件。

在 main.dart 文件中，main()方法里添加 debugPaintSizeEnabled = true，重启应用后在模拟器上可以看到很多元素创建的空间信息。例如列的方向、行的信息等，如图 8.5 所示。

在 news.dart 文件中，让标题获得更多空间，用 Expanded 小部件把标题小部件包装上，代码如下：

```
// Chapter08/08 - 05/lib/news.dart
…
Expanded(                              // 尽可能地占用剩余空间
    child: Container(                  // 资讯标题小部件
      margin: EdgeInsets.only(top: 10.0),   // 上边距为 10 像素
      child: Text(                     // 标题文本
```

图 8.5　行、列的空间和方向信息

```
            news[index]['title'],                    // 标题文本的值
        ),
    ),
),
…
```

保存，效果如图 8.6 所示。

Expanded 小部件会在行和列中尽可能多地占用空间，Expanded 只在行和列的内部有效。用同样的方式给分数加一个 Expanded 小部件，保存后会发现资讯标题和资讯分数占据了相同的空间，但是它们的空间都足够大，而不是与内容的大小相同。可以看到它们被平均分配了空间，如图 8.7 所示。

所以 Expanded 是一个常用的小部件，例如希望子部件获得足够多的空间，同时不会影响和缩小其他的小部件，它只是尽可能地占用剩余空间。

除了 Expanded 小部件，还有小部件 Flexible 可以实现类似的效果。在资讯标题这里把 Expanded 替换成 Flexible，分数还是用 Expanded，保存后会发现分数还是占用很多空间，但并不是占用了整个自由空间，标题没有被推到最左侧，如图 8.8 所示。

但如果把 Flexible 去掉，保存一下会发现分数占用了其余的空间，如图 8.9 所示。

图 8.6　Expanded 的作用

图 8.7　资讯分数添加 Expanded 后的效果

图 8.8　Flexible 的显示效果

图 8.9　资讯标题去掉 Flexible 后的效果

　　所以 Flexible 在这里起到了一定作用。是什么作用呢？Flexible 是添加 Expanded 和没添加 Expanded 的一个折中方案。Flexible 可以理解为告诉同级的其他子部件，可以占用它们需要的空间，但不是所有可用空间。可以配置 Flexible 的 fit 参数，它有两个静态值，一个是 FlexFit. loose，保存后我们发现它是默认值；另一个是 FlexFit. tight，保存后会发现它和之前的 Expanded 一样，因为这个参数告诉子部件使用尽可能多的空间。

　　Flexible 还可以设置参数 flex，可以传入整数，例如设置为 2，保存后发现它比之前占用了多一点的空间，如图 8.10 所示。

　　把 flex 设置为 10 并保存，会发现这里有一些变化，如图 8.11 所示。

图 8.10　Flexible 中的 flex 参数设置为 2 的效果　　　图 8.11　Flexible 中的 flex 参数设置为 10 的效果

　　参数 flex 设置为 10，表示需要更多的空间，导致显示分数这里开始缩小，这是因为flex：10 告诉它可以从其他空间中获取 10 倍的空间，开始缩小在同一行的其他小部件。在Expanded 中同样可以使用设置参数 flex，也设置为 10 后我们发现显示效果与图 8.7 一致。需要注意的是 Flexible 和 Expanded 必须在行和列中使用。记住 Expanded 使用的是所有可用空间，Flexible 也可以使用所有的可用空间，但不是必须的，可以配置。Flexible 和Expanded 都包含 flex 参数，flex 可以按比例分配空间。

8.6 添加背景图像

登录页面不是很美观,给它添加个背景,准备一张图片,把它放到项目目录下的 assets 目录中,使用这个图片作为登录背景图片。在 main.dart 文件中,把首页设置为登录页面,代码如下:

```
// Chapter08/08-06/lib/main.dart
…
routes: {                                    // 导航路径
    '/admin': (context) {                    // 路径名称
      return ManageNews(_addNews,_deleteNews);  // 资讯管理页面
    },
    '/home': (context) {                     // 路径名称
      return NewsListPage(_news);            // 资讯列表页面
    },
    '/': (context) {                         // 首页导航路径
      return AuthPage();                     // 登录页面
    }
…
```

在 auth.dart 文件中,使用之前学过的知识,创建登录页面,包括用户名文本框及密码文本框等,代码如下:

```
// Chapter08/08-06/lib/pages/auth.dart
class AuthPage extends StatefulWidget {          // 登录小部件
  @override
  State<StatefulWidget> createState() {          // 覆盖 createState()方法
    return _AuthPageState();                     // 返回登录小部件状态
  }
}

class _AuthPageState extends State<AuthPage> {   // 登录小部件状态
  String _username;                              // 用户名属性
  String _password;                              // 密码属性
  bool _accept = false;                          // 是否接受条款属性
  @override
  Widget build(BuildContext context) {           // 构建方法
    return Scaffold(                             // 页面小部件
appBar: AppBar(                                   // 导航栏
        title: Text('登录'),                      // 导航栏上的文字
      ),
      body: Column(                              // 列小部件
        children: <Widget>[                      // 小部件数组
TextField(                                        // 用户名文本框
          decoration: InputDecoration(           // 修饰文本框
```

```
labelText: '用户名',                                    // 文本框标题
                filled: true,                          // 文本框是否填充
                fillColor: Colors.white),              // 文本框填充白色
onChanged: (value) {                                   // 监听文本框
setState(() {                                          // 更新状态
                _username = value;                     // 更新用户名的值
            }),
        },
    ),
TextField(                                              // 文本框
obscureText: true,                                     // 密码显示样式
        decoration: InputDecoration(
labelText: '密码',                                      // 文本框标题
            filled: true,                              // 文本框是否填充
            fillColor: Colors.white),                  // 文本框填充白色
onChanged: (value) {                                   // 监听文本框
setState(() {                                          // 更新状态
                _password = value;                     // 更新密码的值
            });
        },
    ),
SwitchListTile(                                        // 开关小部件
        title: Text('接受条款'),                        // 开关的标题
        value: _accept,                                // 开关的值
onChanged: (bool value) {                              // 改变开关的事件
setState(() {                                          // 更新状态
                _accept = value;                       // 更新开关的值
            });
        },
    ),
        Center(                                        // 居中显示小部件
        child: RaisedButton(                           // 有背景的按钮
            child: Text('登录'),                        // 按钮上的文字
onPressed: () {                                        // 按钮的单击事件
Navigator.pushReplacementNamed(context, '/home');
                                                       // 导航到资讯列表页面
            },
        ),
    ),
    ],
    ),
    );
    }
}
```

在文本框所在列 Column 外面添加 Container 小部件，Container 参数 decoration 的值类型是 BoxDecoration，有一个参数 image 是设置背景图片的，可以在这里设置一张图片。

把鼠标悬停在 image 上时，会发现值类型不是一张普通的图片，而是 DecorationImage 类型的图片，于是我们需要创建 DecorationImage。DecorationImage 中也有参数 image，image的值类型是 ImageProvider，表示需要传入的值是一个类，告诉 DecorationImage 如何访问这个图片，而不是一个小部件。这个类是 AssetImage，在 pubspec.yaml 文件中配置好图片路径后把图片路径传入 AssetImage 中即可，代码如下：

```
// Chapter08/08-06/lib/pages/auth.dart
…
Container(                                    // 登录页面 body 中的 Container
decoration: BoxDecoration(                    // 修饰参数 decoration
    image: DecorationImage(                   // 背景图片
     image: AssetImage('assets/bg.jpg'),      // 访问图片的类 AssetImage
      ),
    ),
    child: Column                             // 包含文本框的列
…
```

保存并重启，我们看到这张图片显示出来了，如图 8.12 所示，但是显示效果不够理想。

背景图片默认根据设备的宽度来定义宽高比，所以这里显示的高度不是很高，但是可以在 DecorationImage 中配置，使用参数 fit，它的值是 BoxFit 类型的值，我们可以根据需要选择不同的值，其中 BoxFit.cover 表明不扭曲图像，覆盖整个页面，保存后如图 8.13 所示。

图 8.12　登录页面的背景图片

图 8.13　登录页面的背景效果

再设置 Container 中的 padding 属性,代码如下所示:

```
padding: EdgeInsets.all(10),//设置页面 body 中小部件的内边距
```

DecorationImage 中还可以设置 colorFilter 参数,表示改变图片的显示。参数 colorFilter 的值可以通过 ColorFilter. mode()方法设置。ColorFilter. mode()方法需要传入两个参数,第一个参数表示在图片上添加叠加层的颜色,我们使用黑色 Colors. black,可以给 Colors. black 设置透明度,例如 Colors. black. withOpacity(0.5);第二个参数是 BlendMode,表示颜色混合模式,这里使用 BlendMode. dstATop。代码如下:

```
// Chapter08/08 - 06/lib/pages/auth.dart
…
DecorationImage(                                // 背景图片
colorFilter:                                    // 颜色滤镜
ColorFilter.mode(                               // 颜色滤镜模式
        Colors.black.withOpacity(0.5),          // 叠加层颜色及透明度
        BlendMode.dstATop),                     // 颜色混合模式
    fit: BoxFit.cover,                          // 图片覆盖显示
…
```

保存后,显示效果如图 8.14 所示。

图 8.14　给登录页面的背景图片加滤镜

在 auth.dart 文件中,如果登录页面显示的内容过多,可以把 Column 改成 ListView,然后在 ListView 外面加一个 Center 小部件,保存后发现没有任何变化,这是因为 ListView 会自动占据整个页面的高度,所以这里的 Center 失效了。

我们可以使用另外一个小部件 SingleChildScrollView 实现滚动,把 ListView 替换成 SingleChildScrollView。SingleChildScrollView 只能传递一个 child,然后 child 对应的小部件就具有滚动功能了,这里可以传入一个 Column,这样 Column 就可以滚动了。代码如下:

```
// Chapter08/08 - 06/lib/pages/auth.dart
…
child: Center(                                  // 水平和垂直居中显示文本框
  child: SingleChildScrollView(                 // 使子部件具有滚动功能
    child: Column(                              // 列小部件
      children: < Widget >[                     // 列中的小部件
…
```

保存后发现文本框居中显示了,而且具有滚动功能,如图 8.15 所示。

图 8.15　居中显示文本框

8.7　图标小部件 Icon

在应用的资讯列表页面 NewsListPage 中,我们通过 Drawer 实现了抽屉式导航。在文件 news_list.dart 中,抽屉式导航 Drawer 使用了 ListTile 小部件。ListTile 是通过 Row 实现的,它有一个参数 leading,可以把小部件赋值给它,leading 会显示在 title 的前面。这里使用图标小部件 Icon,代码如下:

```
// Chapter08/08 - 07/lib/pages/news_list.dart
…
ListTile(                                  // 一行记录
  leading: Icon(Icons.list),               // 记录标题前的图标小部件
  title: Text('管理资讯'),                  // 记录的标题
…
```

Flutter 提供了非常多的图片调用方式,可以通过 Icons 加点的方式调用。使用同样的方式,可以给资讯管理页面 ManageNews 中抽屉式导航的记录加小图标。

在 news.dart 文件中,我们使用 Card 小部件渲染每条资讯,每条资讯的"详情"按钮都是使用 FlatButton 实现的。我们把 FlatButton 替换成 IconButton,输入参数 icon,然后传入 Icon 小部件。代码如下:

```
icon: Icon(Icons.favorite_border,size: 20,),//设置图标和图标的大小
```

我们还可以通过参数 color 给图标设置颜色。

在导航栏 AppBar 中也可以添加图标。例如在资讯列表 NewsListPage 页面中,给 AppBar 设置另外一个参数 actions,actions 中的小部件是添加在标题后面的按钮,这里可以使用图标按钮,例如 IconButton,然后添加单击事件,代码如下:

```
// Chapter08/08 - 07/lib/pages/news_list.dart
…
appBar: AppBar(                            // 资讯列表页面中的导航栏
    actions: < Widget >[                   // 导航栏后的按钮
    IconButton(                            // 图标按钮
        icon: Icon(Icons.favorite),        // 图标
    onPressed: () {},                      // 图标按钮的单击事件
      )
    ],
    title: Text('资讯标题'),                // 导航栏的标题
    ),
…
```

8.8　封装小部件

本章实现了很多功能,浏览项目代码后发现一些文件中的代码非常长,例如 news.dart 文件中包含大量的逻辑,这种编写方式没有问题,但是封装一些内容形成单独的小部件会更好。例如资讯分数这里,后面我们可能会重用它,所以应该把资讯分数保存在一个单独的小部件中。

在项目的 lib 目录下,新建一个目录 widgets。应用中的页面放到 lib 目录下的 pages 目

录下,自定义的小部件放在 widgets 目录下。自定义的小部件不需要导航,然后在 widgets 目录下建一个子目录 news,在 news 中创建 score.dart 文件。

首先引入 material 包,创建类 Score,继承一个 StatelessWidget。Score 不会改变内部数据,它只从外部接收数据,然后再根据接收的值显示。这里需要定义一个属性 final String score,同时创建构造器。在 build()方法中返回 News 小部件中显示分数的代码片段,代码如下:

```
// Chapter08/08-08/lib/widgets/news/score.dart
class Score extends StatelessWidget {          // 自定义的分数小部件
  final String score;                          // 分数小部件中的属性
  Score(this.score);                           // 分数小部件的构造器

  @override
  Widget build(BuildContext context) {         // 构建方法
    return Container(                          // 返回 Container
      decoration: BoxDecoration(               // 修饰分数
    color: Theme.of(context).accentColor,      // Container 的颜色
borderRadius: BorderRadius.circular(5.0)),     // 圆角效果
        child: Text(                           // 文本子部件
          '$ score',                           // 文本的值
          style: TextStyle(fontSize: 20,       // 文本的字体大小
fontWeight: FontWeight.bold),                  // 文本的粗细程度
        ),
      );
    }
  }
```

现在把 Score 小部件引入到需要使用的地方,在 news.dart 文件中,把 Score 引入,在引入之前,把 News 小部件也放到 news 的目录下,因为 News 小部件也不是一个页面,然后在标题下面添加 Score 小部件,代码如下:

```
Score(news[index]['score'].toString())        //使用资讯分数 Score 小部件
```

现在我们的代码更易读了。提取小部件不应该超级精细,而是选择较多的内容创建自己的小部件。

8.9　重构项目代码

在 news.dart 文件中,我们自定义了 News 小部件。它包含一个 ListView 列表,资讯列表是使用 ListView 中的 builder()方法创建的。下面把 ListView 中的 Card 放到一个单独的小部件中,在 widgets 目录下的 news 目录中,创建 news_card.dart 文件,然后和之前一样引入 material 包,创建一个类 NewsCard 继承 StatelessWidget。

通常在 Flutter 应用中大部分的小部件是 StatelessWidget,当传入这些小部件的数据变

化时需要重新构建。在 build()方法中返回 ListView 中的 Card。代码如下：

```
// Chapter08/08 - 09/lib/widgets/news/news_card.dart
…
@override
  Widget build(BuildContext context) {              // NewsCard 中的 build()方法
    return Card(                                     // Card 小部件
      child: Column(                                 // Card 小部件中的列
        children: < Widget >[                        // 列中的一些小部件
Image.asset(news[index]['image']),                   // Card 中的图片
SizedBox(                                             // 无显示内容渲染
             height: 10.0,                           // 添加 10 像素间距
           ),
             Row(                                     // 行小部件
mainAxisAlignment: MainAxisAlignment.center,         // 居中对齐
             children: < Widget >[                   // 行中一些小部件
             Container(                               // Container 小部件
         margin: EdgeInsets.only(top: 10.0),         // 标题间距
               child: Text(                          // 文本小部件
                 news[index]['title'],               // 文本中的值
               ),
             ),
SizedBox(                                             // 行中的水平间距
             width: 10,                               // 宽度为 10 像素
           ),
             Score(news[index]['score'].toString())  // Score 小部件
           ],
         ),
ButtonBar(                                            // 按钮栏
         alignment: MainAxisAlignment.center,        // 居中对齐
         children: < Widget >[                       // 按钮栏中的小部件
IconButton(                                           // 图标按钮
             icon: Icon(                             // 图标
             Icons.favorite_border,                  // 空心收藏图标
             size: 20,                               // 图标的大小
             color:Colors.red,),                     // 图标的颜色
onPressed: () =>                                      // 图标的单击事件
Navigator.pushNamed< bool >( context, '/news/' + index.toString())    // 导航到详情页
                 .then((value) {}), //返回到当前页面时调用
           ),
         ],
       )
     ],
   ),
 );
…
```

在返回的 Card 中需要获取数组 news 的数据和索引。NewsCard 小部件只需要获得 news 数组中的某一个 news 即可。在 NewsCard 中添加一个属性 news，代码如下：

```
final Map < String,dynamic > news;                    // 数组 news 中的某一条 news
```

然后添加构造器，代码如下：

```
NewsCard(this.news);                                  // NewsCard 的构造器
```

news_card. dart 中的 news[index]都可以替换成 news，同时还可以引入 Score 小部件，当单击"详情"按钮时传入当前 news 对应的索引，所以在 NewsCard 中再添加一个属性 index，代码如下：

```
// Chapter08/08 - 09/lib/widgets/news/news_card.dart
…
  final Map < String,dynamic > news;                  // 数组 news 中的某一条 news

  final int index;                                    // 某一条 news 对应的索引
  NewsCard(this.news,this.index);                     // NewsCard 的构造器
…
```

在 news. dart 文件中，引入 NewsCard，删除_buildNewsItem()方法，然后只需要在参数 itemBuilder 后传入（BuildContext context ，int index），方法中返回 NewsCard（news [index]，index），代码如下：

```
// Chapter08/08 - 09/lib/widgets/news/news.dart
…
newsCard = ListView.builder(                          // News 小部件中列表
itemBuilder: (BuildContextcontext ,int index){
        return NewsCard(news[index],index);           // 构造每条 news
      },
itemCount: news.length,                               // 数组 news 的长度
      );
  …
```

8.10　创建标准化的小部件

让我们把资讯标题提取出来，创建为一个标准化的自定义小部件。因为在列表页面中使用了资讯标题，在资讯详情页也使用了资讯标题，所以可以把资讯标题提取出来作为一个单独的小部件。

在 widgets 目录下新建一个目录 ui_element，然后新建 title_defaut. dart 文件，引入 material 包，创建类 TitleDefault，继承 StatelessWidget，再覆盖 build()方法，在 build()方法中返回资讯列表中的标题，代码如下：

```
// Chapter08/08-10/lib/widgets/ui_element/title_defaut.dart
…
@override
  Widget build(BuildContext context) {              // 标题小部件的构建方法
    return Container(
      margin: EdgeInsets.only(top: 10.0),           // 距上边距为10像素
      child: Text(                                   // 文本小部件
        title,                                       // 标题属性
      ),
    );
  }
…
```

给 TitleDefault 加 String 类型的属性 title，然后添加一个构造器，参数和这个属性绑定，这样在资讯详情页就可以重用标题小部件了。

在 NewsCard 小部件中，引入 TitleDefault 小部件，然后在标题处使用，并且传入这条 news 的标题，代码如下所示：

```
TitleDefault(news['title']),                        // 在 NewsCard 中使用标题小部件
```

在资讯详情页 NewsDetailPage 中使用 TitleDefault 标题小部件，首先引入 title_default.dart，然后将使用标题的部分换成 TitleDefault。这样 TitleDefault 标题小部件就被标准化了。我们可以细化所有内容，然后封装到自己的小部件中，不过最好封装内容较多并且可重用的部分。

8.11　封装小部件的方法

我们可以将更多小部件或更多代码片段提取到自定义的小部件中。我们需要在封装的过程中找到恰当的平衡点，不要过度封装。除了可以将共用的小部件放到自定义的小部件中，还可以将 build() 方法中的代码片段移动到这个小部件的辅助方法中。例如在之前的章节中，我们在 News 小部件中，添加的_buildNewsItem() 方法就是辅助方法，这样可以精简 build() 方法。

在 create_news.dart 文件中，创建了很多文本框。不用把这些文本框封装到单独的小部件中，可以为这些小部件创建单独的方法，例如把用户名这段代码放到 buildTitleTextField() 方法中，代码如下：

```
// Chapter08/08-11/lib/pages/create_news.dart
…
Widget buildTitleTextField() {                      // 构建标题的方法
  return Container(
    margin: EdgeInsets.all(10.0),                   // 标题的外边距
    child: TextField(                               // 文本框小部件
```

```
        decoration: InputDecoration(labelText: '资讯标题'),//标题
onChanged: (String value) {                          // 监听文本框中改变的事件
setState(() {                                        // 更新数据并重新渲染
            _title = value;                          // 设置标题属性的值
          });
        },
      ),
    );
  }
…
```

在 build()方法中只需简单地调用 buildTitleTextField()方法即可。使用同样的方法可以把其他的文本框小部件封装到方法中。封装后在 build()方法中可以直接调用,代码如下所示:

```
// Chapter08/08 – 11/lib/pages/create_news.dart
…
    return Scaffold(                                 // 创建资讯页面
      body: ListView(                                // 可以滚动的页面
        children: < Widget >[                        // ListView 中的子部件
buildTitleTextField(),                               // 构建资讯标题的方法
buildDescTextField(),                                // 构建资讯描述的方法
buildScoreTextField(),                               // 构建资讯分数的方法
…
```

我们可以把按钮的单击事件方法抽取出来,实现按钮的显示和逻辑解耦。在CreateNewsPage 中,添加一个方法_submitForm(),返回值为 void,然后把单击事件中的方法内容放到_submitForm()方法中,代码如下:

```
// Chapter08/08 – 11/lib/pages/create_news.dart
…
void _submitForm(){                                  // 封装创建按钮的单击事件
    Map < String, dynamic > news = {                 // 创建一个 Map 类型的 news
            'title': _title,                         // 给标题赋值
            'image': 'assets/news1.jpg',             // 图片使用硬编码方式赋值
            'description': _description,             // 给资讯描述赋值
            'score': _score                          // 给资讯赋值
          };
widget. addNews(news);                               // 调用新增资讯方法
Navigator. pushReplacementNamed(context, '/');       // 导航到资讯列表
  }
…
```

然后把方法_submitForm()的引用赋值给 onPressed 单击事件,注意只是引用,所以_submitForm 后面没有小括号,表示这个按钮被单击的时候才执行_submitForm()方法,这

些辅助方法使 create_news.dart 中的代码非常清晰。我们使用同样的方式可以优化登录页面 auth.dart、资讯管理页 ManageNews、NewsCard 小部件等内容。

8.12　Flutter 中响应式设计

当前应用的布局现在看上去不错,例如登录页面如图 8.16 所示。

图 8.16　应用的登录页面

但是,当把模拟器横过来的时候,显示如图 8.17 所示。

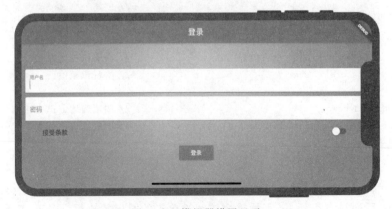

图 8.17　模拟器横屏显示

使用没有问题，但可以优化显示效果。例如文本框所在的 Container 不应占用全部的宽度，而是给 Container 指定一个宽度。我们可以根据不同的屏幕大小或者屏幕的方向适配显示。Flutter 中的 MediaQuery 可以帮助我们完成这些工作。怎样使用 MediaQuery 呢？在 auth.dart 文件中，没有限制屏幕的宽度，所以默认它会占满屏幕的宽度。将一些内容显示到指定的位置，并给一些小部件设定宽度。在 Container 中有个参数 alignment，可以设置成 Alignment.center，表示居中显示。Container 可以定义宽度 width，例如设置成 200 像素，代码如下：

```
// Chapter08/08 - 12/lib/pages/auth.dart
…
child: Container(                              // 登录页面的 body
        alignment: Alignment.center,          // 居中显示
        child: SingleChildScrollView(         // 使子部件可以滚动
          child: Container(                   // 给列添加 Container
            width: 200,                       // 宽度设置为 200 像素
            child: Column(                     // 列小部件
              children: < Widget >[            // 列中的小部件
buildUsernameTextField(),                     // 构建用户名小部件
…
```

竖屏显示效果如图 8.18 所示。

图 8.18　竖屏显示效果

横屏显示效果如图 8.19 所示。

图 8.19　横屏显示效果

可以看到无论在哪个方向都是显示 200 像素这个宽度,我们希望的是在不同的屏幕模式显示不同的宽度,下一节将讲解如何使用 MediaQuery 来实现。

8.13　使用 MediaQuery

现在不同的屏幕模式显示的是相同的宽度,我们不希望竖屏和横屏都是这个宽度。例如只想在横屏时使用一定数量的像素来定义宽度,我们可以通过 MediaQuery 实现这样的功能。MediaQuery 有个 of()方法,参数是 context,我们从 context 获取设备的数据。例如我们可以通过 MediaQuery. of(context). orientation 来判断当前设备是横屏还是竖屏,还可以使用 MediaQuery. of (context). size 访问当前设备的高度和宽度,例如获取宽度MediaQuery. of(context). size. width,这样就可以设置 Container 的宽度了,代码如下:

width:MediaQuery.of(context).size.width * 0.8　//整个设备宽度的 80 %

现在无论横屏还是竖屏显示得都很好,横屏显示效果如图 8.20 所示。

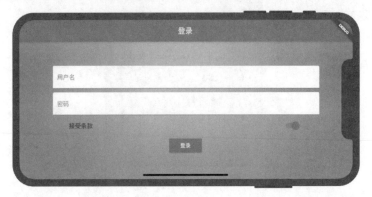

图 8.20　横屏显示

竖屏显示效果如图 8.21 所示。

图 8.21　竖屏显示效果

我们可以把这个宽度放到 build()方法的变量中,代码如下:

```
// Chapter08/08-13/lib/pages/auth.dart
// 获取设备的宽度
final double deviceWidth = MediaQuery.of(context).size.width;
//最终宽度,如果设备的宽度大于768.0像素,宽度设置为500,否则是当前宽度的   //80%
final targetWidth = deviceWidth > 768.0 ?500.0:deviceWidth * 0.8;
```

下面的参数 width 可以使用 targetWidth 设置。MediaQuery 非常强大,它可以访问设备屏幕的大小、访问屏幕的方向,还可以在任何条件下使用它来呈现不同的内容。例如,如果屏幕的宽度大于 550 像素,可以返回不同的小部件,或者在方法中判断 MediaQuery 方向,然后返回不同的小部件。

8.14　ListView 中使用 MediaQuery

在创建资讯页面 create_news. dart 中,首先获取设备的宽度 final double deviceWidth = MediaQuery. of (context). size. width,然后获取最终的宽度 final targetWidth = deviceWidth > 768. 0 ? 500. 0:deviceWidth×0. 8。

给页面 Scaffold 中的 Container 设置宽度为 targetWidth,但是设置的宽度还没有生效,这是因为 ListView 是一个很特殊的小部件,默认 ListView 小部件会使用所有的可用宽度,所以 ListView 小部件很特殊,需要注意。那么如何设置 ListView 列表的宽度呢? 可以使用参数 padding 设置,代码如下:

```
final targetPadding = (deviceWidth - targetWidth)/2;   // 列表内边距
```

把 targetPadding 赋值给 ListView 中的 padding 参数,代码如下:

```
// Chapter08/08 - 14/lib/pages/create_news.dart
padding: EdgeInsets.symmetric( horizontal:targetPadding), //赋值
```

保存并重启应用后,显示如图 8.22 所示。

图 8.22　ListView 中的参数 padding

8.15　使用 GestureDetector 添加监听

Flutter 中有一个很特别的小部件 GestureDetector,它可以创建自定义的按钮,在 create_news.dart 文件中,注释掉 RaisedButton,创建自定义的按钮。首先创建一个 Container,配置颜色 color,添加内间距为 5 像素,再添加一个子部件 Text,代码如下:

```
// Chapter08/08 - 15/lib/pages/create_news.dart
…
```

```
Container(
    padding: EdgeInsets.all(5.0),                    // 内边距
    color: Theme.of(context).accentColor,            // 按钮的背景色
    child: Text('创建'),                             // 按钮上的文字
)
…
```

此时这个按钮不是很美观并且没有办法使用,因为这个自定义按钮上面没有任何监听事件,所以单击它没有任何反应。Flutter 中可以使用 GestureDetector 包装任何元素,不仅可以给 Container 添加单击事件,还可以添加其他事件,例如长按事件、拖曳事件等。

GestureDetector 中包含参数 child,把 child 的值设置成这个自定义按钮 Container,现在就可以监听某些事件了,例如在 IDE 中输入 on 会得到很多的提示,如图 8.23 所示。

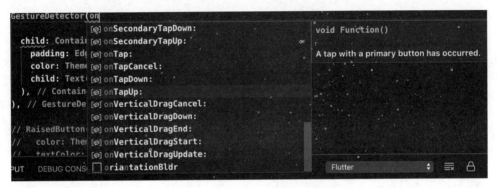

图 8.23　GestureDetector 中的事件

使用 GestureDetector 可以监听常用的单击、双击、长按、拖曳,或者是从上向下滑,各种各样的事件都可以实现。这里使用 onTap 事件,表示单击,然后把_submitForm()方法引用并赋值给 onTap。这样就可以单击自定义按钮创建资讯了。

8.16　总结

本章内容非常重要,在本章我们进一步学习了小部件,并且掌握了如何使用它们达到我们想要的效果。我们首先学习了小部件的分类,官网上有非常多的小部件,它们之间可以互相替代来实现同样的功能。我们只需要掌握 10～20 个常用小部件,所以不用担心把所有的小部件都掌握。

有几个非常重要的小部件 Container、Row、Column、ListView、各种各样的按钮、SizedBox、TextField、Icon、Image、Scaffold。这些小部件可以灵活配置不同的参数。官方文档和 IDE 会给我们很多提示和帮助,告诉我们如何使用这些小部件,最好的方式是使用这些小部件实现一些功能,这样能很好地领会如何使用并组合它们。

实现一个功能可以通过不同的方式,没有标准说哪种方式是对的或者是错的。我们还

学习了优化代码,使它更易读。不要把所有的内容都写到一个文件中,建议大家把它们分离出来,如果编写一个小部件超过了 500 行的代码,建议大家把它拆分开。我们还可以把一些内容拆分成方法,这样保证代码的易读性。最后我们学习了使用 MediaQuery 获取设备的宽度、高度和方向。我们还学习了在行、列小部件中结合 Expanded、Flexible 来占用空间,使用 GestureDetector 为小部件定义各种各样的监听事件。

第 9 章

Form 表单

Flutter 项目在逐步完善，在程序中允许用户登录，还可以根据用户输入的内容创建资讯。我们通过 TextField 小部件获取资讯的录入信息，但是没有验证用户输入的信息。例如非空验证等，这一章我们学习以更好的方式处理用户输入的内容，同时验证输入内容并保存。

9.1 表单文本框 TextFormField

如果有 Web 开发背景，可能会知道表单 Form 是什么。Form 简单来说就是一组用户输入，就像创建资讯页面 create_news. dart 中的文本框一样。Form 把这些文本框管理成一组，当用户提交时，可以添加验证功能，检查它们是否合法。换句话说，Form 使我们能更简单地管理一些关联的文本框。

在 create_news. dart 中有很多文本框，可以使用 Form 管理它们，要实现这样的功能，需要一个专用的小部件 Form，把它加在 ListView 小部件的外面。代码如下：

```
// Chapter09/09 - 01/lib/pages/create_news.dart
…
Form(                                             // 表单小部件
child: ListView(                                  // 滚动的列表
padding:                                          // 列表内间距
EdgeInsets. symmetric( horizontal: targetPadding),
children: < Widget >[                             // 列表子部件
buildTitleTextField(),                            // 标题文本框
buildDescTextField(),                             // 描述文本框
buildScoreTextField(),                            // 分数文本框
…
```

Form 是一个小部件，它包含在该表单中管理所有的用户输入。Form 的子部件可以是一个列表，也可以是一个列或是一个包含列的 Container。保存并重启后，在创建资讯页面没有看到有什么变化，这是因为 Form 是一个不可见的小部件，但它允许我们在内部以不同的方式使用文本框中的值。

首先改变现有的文本域,在 _buildTitleTextField()方法中,把 TextField 改成 TextFormField。TextFormField 是一个特殊的 TextField,它可以添加到 Form 小部件中。把 onChanged()方法删除,使用另外一种方式管理 TextFormField 中的值。Form 将作为集合进行管理,因此我们需要以不同的方式来管理每个字段的值。

Form 中的 TextFormField 有个参数 onSaved,它的值是个方法,表示当整个表单被提交时,这个方法就会被执行,所以给参数 onSaved 创建一个方法,onSaved 方法需要一个 String 类型的参数 value。可以先把 value 打印显示出来。代码如下:

```
// Chapter09/09 - 01/lib/pages/create_news.dart
…
  Widget buildTitleTextField() {                    // 资讯标题文本框构建方法
    return TextFormField(                           // 表单文本框小部件
onSaved: (String value){                            // 提交表单时会执行这个方法

      },
…
```

什么时候会触发 onSaved 对应的方法呢? 需要人为操作,这个方法才会被触发。表单 Form 有个参数 key,表示全局的密钥。密钥是某种标识符,允许我们从应用的其他部分访问此表单对象。全局变量不仅可以用于表单中,还可以使用在其他地方,通常使用全局变量与应用中其他的小部件进行交互。在_CreateNewsPageState 中,创建一个 final 修饰的 key,类型是 GlobalKey。GlobalKey 表示在这个小部件中可以在任何地方使用它。GlobalKey 的泛型是< FormState >,表示这是一个表单状态的全局变量。表单状态会提供一些帮助方法,将 Form 作为一个整体执行。可以给表单的全局变量定义一个名字,例如 _formkey,然后创建一个 GlobalKey< FormState >对象保存 Form 的状态。代码如下:

```
//创建表单的 key,key 中保存表单的状态
final GlobalKey< FormState > _formkey = GlobalKey< FormState >();
```

现在把_formkey 赋值给 Form 中的 key 参数。当单击"创建"按钮时,_submitForm()方法被调用。在方法中可以使用全局变量_formkey,_formkey.currentState 可以访问表单状态对象,表单状态对象有个 save()方法。当调用 save()方法的时候,_formKey 返回的 currentState 会与 Form 小部件建立联系,然后每个 TextFormField 中的参数 onSaved 对应的方法被执行。这样就可以使用 onSaved 对应的方法来设置属性中的每个值,例如资讯标题的值、资讯描述的值等。代码如下:

```
// Chapter09/09 - 01/lib/pages/create_news.dart
…
  void _submitForm() {                              // 提交表单的方法
    _formkey.currentState.save();                   // 触发每个 TextFormField 调用
                                                    // onSaved 对应的方法

…
```

在 onSaved 对应的方法中，setState()方法可以给属性赋值，代码如下：

```
// Chapter09/09 - 01/lib/pages/create_news.dart
…
return TextFormField(                          // 标题文本框
onSaved: (String value) {                      // 提交表单时触发
setState(() {                                  // 重新渲染页面
        _title = value;                        // 赋值资讯标题属性
      });
    },
…
```

所以快速实现这个功能需要把打印去掉，然后调用 setState()方法。下一节我们看一下表单的验证功能。

9.2　Form 表单验证

上一节我们学习了如何从 Form 中获取值，那么怎样验证表单呢？表单 Form 可以验证多个文本框中的值，这样能保证用户的输入是正确的。在 TextFormField 中，有个参数 validator，需要传入一个方法，把鼠标悬停在上面后会发现方法需要传入一个 String 类型参数，方法参数的值是文本框中输入的内容。它的返回值也是一个 String 类型，如果验证失败返回 String 类型的错误信息，如果成功的话可以返回 null 或者什么也不返回。

在方法体中，可以添加验证逻辑，如果返回了内容就说明验证失败了。例如验证这个资讯标题的值，代码如下：

```
// Chapter09/09 - 02/lib/pages/create_news.dart
…
Widget buildTitleTextField() {                 // 资讯标题文本框
    return TextFormField(                      // 表单文本框
      validator: (String value){               // 验证文本框中的值
        if(value.trim().length == 0){          // 判断是否为空
          return '资讯标题不能为空';              // 为空提示的字符串
        }
        return null;                           // 返回 null 时表示通过验证
      },
…
```

value.trim()可以保证去掉值前后的空格。length 可以判断用户输入的长度。当资讯标题文本框中的值为空时返回一个字符串，当不为空时返回 null。

要实现验证功能还需要设置验证机制，有两种方式。第一种在 TextFormField 中配置 autovalidate:true，保存后，模拟器上已经显示验证结果了，如图 9.1 所示。

当我们在资讯标题文本框中输入任意内容后，错误信息就会消失。如果把输入的内容删掉，错误提示又显示了，但是这样的验证方式有个缺点，在用户什么都没有输入的情况下，

图 9.1　表单验证

页面就会显示错误信息。

第二种方法是在提交之前进行验证，在调用_formkey.currentState.save()方法之前，加上_formkey.currentState.validate()，validate()方法会调用在 Form 表单中的所有文本框的 validate 中的方法。如果_formkey.currentState.validate()返回 true，那么表示表单中所有文本框都通过验证了。如果 Form 中任意一个文本框验证失败就会返回 false。这样我们就可以验证表单了，代码如下：

```
// Chapter09/09－02/lib/pages/create_news.dart
…
  void _submitForm() {                              // 创建按钮单击事件调用方法
  if(!_formkey.currentState.validate()){            // 没有通过表单验证
      return;                                       // 不执行后续代码
    }
    _formkey.currentState.save();                   // 触发文本框中的 onSaved
…
```

9.3　表单 Form 的高级验证

在资讯标题这里已经验证不能为空了，让我们再加一个验证条件，在 value.trim().length ＝＝ 0 后面加上‖，表示这两个条件只要有一个成立，就会执行方法体中的内容。

或者添加 &&，表示两个条件必须同时满足，才能执行方法体中的内容。这里使用 ‖ 后面加上验证条件，输入的长度 value. length < 5，表示如果内容太短也会验证失败，这就是想给 title 加的验证。代码如下：

```
// Chapter09/09 - 03/lib/pages/create_news.dart
…
if(value.trim().length == 0 || value.length < 5){          // 条件判断
        return '资讯标题不能为空,而且不能少于 5 个字';     // 返回提示
        }
        return null;                                      // 通过验证
…
```

在资讯分数这里，需要输入的是数字，我们可以添加这样一个正则表达式。代码如下：

```
// Chapter09/09 - 03/lib/pages/create_news.dart
…
validator: (String value) {                           // 资讯分数验证
  if (value.isEmpty ||                                 // 不能为空而且必须是数字
!RegExp(r'^(?:[1 - 9]\d * |0)?(?:\.\d + )? $ ').hasMatch(value)) {
        return '不能为空';
      }
    },
…
```

如果有其他编程语言的背景，会知道正则表达式是什么。正则表达式会验证输入的内容是否符合某个模式。我们通过 ReqExp() 创建一个正则表达式，然后传入了一个正则表达式内容，注意前面需要加一个 r，表达式中的内容表示，当前文本框输入的内容必须是一个数字。表达式后面需要加上 hasMatch(value)，表示当前文本框中的值是否满足这个模式。这样我们就可以验证 Form 表单中的文本输入了。

9.4　关闭设备键盘

表单 Form 加了验证，但是如果单击如图 9.2 所示的方框区域，不能关闭下面的软键盘。

我们最好能控制这个软键盘，怎样实现呢？8.15 节我们学习了一个很有用的小部件 GestureDetector，把 GestureDetector 加在 Container 的最外层，这样就把 Form 也包含在内了。代码如下：

```
// Chapter09/09 - 04/lib/pages/create_news.dart
…
return Scaffold(                                      // 新建资讯页面
      body: GestureDetector(                          // 添加 GestureDetector 小部件
        child: Container(
          width: targetWidth,                         // Container 的宽度
```

图 9.2　无法关闭设备键盘

```
margin: EdgeInsets.all(10),                    // Container 的外边距
child: Form(                                    // 表单小部件
…
```

　　在 GestureDetector 中可以添加单击事件 onTap，然后加一个方法，当单击的时候调用这个方法，添加的单击事件会被 Flutter 优先考虑。这里使用一个特别的类 FocusScope，它需要 context 参数，然后调用 requestFocus()方法，requestFocus()方法需要传入一个 FocusNode()。代码如下：

```
// Chapter09/09 - 04/lib/pages/create_news.dart
…
body: GestureDetector(
onTap: (){                                      // 单击事件
FocusScope.of(context).requestFocus(FocusNode()); // 获取焦点
},
…
```

　　文本框都有一个附加的 FocusNode 对象，如果单击文本框会被自动调用，文本框中的 FocusNode 对象是由 Flutter 管理的。如果从文本框的焦点中跳出，只需要传一个空的 FocusNode 就可以，所以这里传入一个空的 FocusNode，保存并重启，来到创建页面，如果此时单击空白处，软键盘就消失了。

9.5 提交表单数据

在创建资讯页面中,我们用 setState()方法给属性赋值。因为这里不需要重新加载页面,把 setState()去掉,只需文本框中的值赋值给属性,表示这些数据会被更新,不需要调用 build()方法重新构建页面。代码如下:

```
onSaved: (String value) {_title = value;},          //给属性赋值
```

我们不需要在表单上重新渲染,只需保存数据就可以。没有必要再调用 setState()方法,因为我们只对这里的值感兴趣,而这些值的变化不需要重新构建小部件。

可以在创建资讯页面 create_news. dart 创建一个新的属性,类型是 Map < String, dymanic >,命名为_formdata={},在大括号中可以初始化一些 key 和值,代码如下:

```
// Chapter09/09 - 05/lib/pages/create_news.dart
  final Map < String, dynamic > _formData          // 表单数据
  = {'title':null, 'description':null, 'score':null};
```

这样就可以通过 Map 管理表单中的数据,然后通过_formData['titile'] = value 给资讯标题 title 赋值,可以用同样的方式给资讯描述和资讯分数赋值。最后在 addNews()方法中可以直接把_formdata 传过去。

9.6 把表单数据保存到列表

在我的资讯页面 my_news. dart 现在没有任何内容,如图 9.3 所示。

可以把创建的资讯 news 作为列表显示在这个页面,并提供编辑功能。单击列表中的"编辑"按钮后,把 news 中的信息加载到创建资讯的表单里,然后在单击"创建"按钮的时候,不是创建一个 news,而是更新这条资讯 news。

当创建一条资讯 news 的时候,在 main. dart 文件中,已经把这个 news 添加到 news 列表中了,然后这个 news 列表向下传递到资讯列表页面中,并显示资讯列表。使用同样的方法可以把这组 news 传递到我的资讯页面 MyNewsPage 中,所以在 MyNewsPage 页面中需要添加接收的参数,然后添加一个属性,类型是 List < Map < String, dynamic >>,在构造器中把参数传进去。代码如下:

```
// Chapter09/09 - 06/lib/pages/my_news.dart
…
class MyNewsPage extends StatelessWidget {          // 我的资讯页面
  final List < Map < String, dynamic >> news;       // 资讯列表属性
MyNewsPage(this.news);                              // 构造器赋值
…
```

图 9.3　我的资讯页面

　　在资讯管理页面 ManageNews 中，也需要添加 List < Map < String, dynamic >> news 属性、构造器，然后从 main. dart 中向下传递资讯数组 news。

　　在我的资讯页面中，返回一个 ListView，调用 builder()方法构建列表，builder()需要传递两个参数，代码如下：

```
// Chapter09/09 - 06/lib/pages/my_news.dart
…
return Scaffold(                                    // 我的资讯页面
    body: ListView. builder(                        // 通过 builder 构建列表
itemBuilder: (BuildContextcontext, int index){


    },
itemCount: news. length,                            // 列表的长度
    ),
  );
…
```

　　使用 ListTile 创建资讯记录，ListTile 可以让列表显示得更美观，ListTile 有个参数 leading，它的值可以传递图片，例如 Image. asset(news[index]['image'])。我们还可以设置参数 title: news[index]['title']，代码如下：

```
// Chapter09/09 - 06/lib/pages/my_news.dart
…
```

```
itemBuilder: (BuildContext context, int index) {          // builder 构建
return ListTile(
    leading: Image.asset(news[index]['image']),           // 资讯的图片
    title: Text(news[index]['title']),                    // 资讯的标题
);
…
```

保存并重启，创建一条资讯后，我的资讯页面如图 9.4 所示。

图 9.4　我的资讯页面

在 ListTile 中添加参数 trailing，表示这行资讯记录后面的显示内容。可以使用 IconButton 小部件，然后添加单击事件，代码如下：

```
// Chapter09/09-06/lib/pages/my_news.dart
…
title: Text(news[index]['title']),                        // 记录中的资讯标题
            trailing: IconButton(
                icon: Icon(Icons.edit),                   // 编辑资讯的图标按钮
onPressed: () {},
            ),
…
```

单击编辑图标后需要加载到一个编辑资讯页面，下　节我们来实现。

9.7　重用创建资讯页面

考虑到重用性,我们把文件名 create_news. dart 改成 edit_news. dart,表示这里既可以创建一个新的资讯 news,也可以编辑一个已经存在的资讯 news。在 edit_news. dart 中,需要把类名改成 EditNewsPage,这样就完成了创建资讯页面的重命名。在使用这个页面的地方也需要修改,引用也需要修改。

在我的资讯 my_news. dart 页面中,单击 ListTile 中的图标后需要导航到编辑资讯页面 edit_ news. dart。可以使用 Navigator 导航,这里需要传入一些信息到编辑资讯 EditNewsPage 页面。可以使用导航路径的方式跳转页面,代码如下:

```
// Chapter09/09 - 07/lib/pages/my_news.dart
…
onPressed: () {                                   // 我的资讯页面单击图标按钮事件
Navigator.of(context).push(                        // 跳转到编辑资讯页面
    MaterialPageRoute(
builder: (BuildContextcontext){
return EditNewsPage(news[index]);
}
…
```

这样就可以使用 EditNewsPage 页面的构造器传递需要编辑的资讯 news,所以可以传入 news[index]。

在 EditNewsPage 页面中现在没有接收这个参数,需要新建一个 Map < String, dynamic > news,并把这个属性绑定到构造器中。在构造方法中有一些参数是在编辑资讯时使用的,另一些是在创建资讯时使用的,所以需要在构造器中把这些参数用大括号括起来表示是可选的,然后在 EditNewsPage 中再添加一个方法属性 updateNews,并且添加到构造器中。代码如下:

```
// Chapter09/09 - 07/lib/pages/edit_news.dart
…
class EditNewsPageextends StatefulWidget {          // 编辑资讯页面
  final Map < String, dynamic > news;               // 被编辑的资讯
  final Function addNews;                            // 创建资讯方法
    final Function updateNews;                       // 更新资讯方法
EditNewsPage({{this.addNews,
this.news, this.updateNews});                        // 构造器
…
```

下一节看看怎样使用更新资讯的方法。

9.8　表单设置初始值

在我的资讯页面中传递的资讯 news 需要填充到编辑资讯页面的表单中,可以使用 TextFormField 的参数 initialValue 实现。initialValue 表示初始化的值,值的类型是 String。代码如下:

```
// Chapter09/09 - 08/lib/pages/edit_news.dart
…
  Widget buildScoreTextField() {                  // 编辑资讯页面构建分数的方法
    return TextFormField(                         // 分数文本框
initialValue: widget.news['score'].toString(),    // 初始化值
…
```

如果资讯 news 没有被初始化,例如使用的是创建页面,那么资讯 news 就为空,这样使用将报错,因为在类中我们没有初始化资讯 news 的值,所以需要做个判断,代码如下:

```
// 非空判断
initialValue:widget.news == null?'':widget.news['score'].toString(),
```

保存并重启后,在我的资讯页面单击编辑图标,如图 8.5 所示。

图 9.5　编辑资讯页面

此时页面没有导航栏,那么怎样解决呢?当前我们需要显示编辑页面而不是创建页面,创建页面可以包含在 Tab 标签页中,编辑页面应该显示导航栏。当编辑资讯页面 EditNewsPage 获取一条资讯 news 的时候,EditNewsPage 是编辑模式,所以可以通过这个条件来设置显示的小部件树。把整个页面中 body 的内容放入到小部件 pageContent 中,代码如下:

```
// Chapter09/09 - 08/lib/pages/edit_news.dart
...
@override
Widget build(BuildContext context) {            // 编辑资讯的 build()方法
    Widget pageContent = GestureDetector(       // 页面中 body 的小部件
...
```

然后在 build()方法的 return 后面判断 news 是否为空,一种情况是如果为空则创建页面直接把内容返回就可以了;另一种情况是编辑页面,需要添加导航栏小部件。代码如下:

```
// Chapter09/09 - 08/lib/pages/edit_news.dart
...
return widget.news == null              // 判断传入的 news 是否为空
        ? Scaffold(body: pageContent)   // 为空时返回创建页面没有导航栏
        : Scaffold(                     // 不为空时返回有导航栏的页面
appBar: AppBar(
            title: Text('编辑资讯'),
        ),
        body: pageContent);
...
```

使用同样的 initialValue 方式,把资讯标题和资讯描述也添加上初始化值。现在没有更新资讯的方法,下一节我们添加更新资讯的方法。

9.9 更新数据

在 main.dart 文件中添加一个更新资讯方法 updateNews,第一个参数是 int 类型,表示 news 对应的索引,第二个参数是 Map < String, dynamic >类型代表更新的 news,然后使用 setState()方法更新数据,代码如下:

```
// Chapter09/09 - 09/lib/main.dart
...
void _updateNews(int index, Map < String, dynamic > news) {
// 更新 news 方法
setState(() {                           // 重新渲染页面
    _news[index] = news;                // 把指定的 news 更新
  });
}
...
```

以上就是更新资讯 news 的全部代码。这个方法需要传给资讯管理 ManageNews 页面,所以需要在 ManageNews 中添加方法属性 updateNews,然后在构造中添加这个方法。使用同样的方式,把更新资讯的方法传到我的资讯页面 MyNewsPage 中。在我的资讯页面 MyNewsPage 中,把更新资讯的方法 updateNews 传入到 EditNewsPage 页面,代码如下:

```
//在我的资讯页面,把更新方法传入到编辑资讯页面
EditNewsPage(news:news[index],index:index,updateNews: updateNews,);
```

在编辑资讯页面 EditNewsPage 中,需要判断哪种模式能设置在提交表单的时候调用哪个方法,所以在提交表单的方法中验证 news 是否为空,代码如下:

```
// Chapter09/09 - 09/lib/pages/edit_news.dart
…
if (widget.news == null) {                          // 如果传入的 news 为空
widget.addNews(_formData);                          // 创建资讯
}else{
widget.updateNews(widget.index,_formData);
                                                    // 否则编辑资讯
    }
…
```

编辑资讯页面 EditNewsPage 需要再创建一个整型属性 index,它也是可选的参数,需要被上一个页面传进来,所以在我的资讯页面 MyNewsPage 中,把索引 index 传入。代码如下:

```
EditNewsPage(news:news[index],index:index);          //传入数组索引
```

保存并重启应用,会发现创建资讯和编辑资讯都可以正常使用。

9.10 总结

本章我们学习了表单 Form,表单中可以使用文本框 TextFormField,它可以添加很多特殊的功能,例如验证、初始化等。我们可以在保存的时候调用验证方法,也可以在用户输入的时候验证。表单 Form 是 Flutter 中很重要的内容。

高 级 篇

▶▶▶

高级篇内容包括 Flutter 权限控制,使用 Flutter 动画效果,同时还包括跨平台开发 Flutter。高级篇我们还将学习如何发布 App,包括混合开发、异步编程、数据存储、网络编程。我们将会使用一些工具生成应用的图标,以及使用第三方包调用相机拍照,然后上传到服务器上。

为了提高学习效率,作者提供在线答疑服务,网址 http://www.x7data.com,邮箱 r80hou@hotmail.com,或加 QQ 群:169055795。

第 10 章　优化 Flutter 应用功能

优化应用显示内容,使应用更加美观、更加容易维护。

第 11 章　状态集中管理 Scope Model

全面改进数据和状态的管理方式,使数据更容易维护和扩展。

第 12 章　Flutter 与 HTTP

在服务器上存储资讯数据、获取资讯数据。App 发送 HTTP 请求获取数据。服务器端使用 RESTful API 提供后端服务。

第 13 章　权限认证

学习创建用户及管理用户的权限数据,还会学习如何实现资讯的收藏功能。

第 14 章　访问相机和图库

学习经常使用的相机和图库,我们可以使用设备的相机或者图片库为资讯添加图片,以及如何把图片上传到服务端,并从服务端获取上传的图片。

第 15 章　Flutter 动画效果

应用添加一些动画效果来提高用户体验。用户的体验取决于提供的动画是否有帮助,因为动画能帮助用户了解哪里发生了变化,从而引导用户注意到某些内容。

第 16 章　优化应用

分析并优化 App。

第 17 章　使用平台特有的小部件

学习如何根据不同的平台显示不同的小部件，以及根据不同的平台使用不同的主题。

第 18 章　Flutter 跨平台交互

Flutter 允许我们编写和使用平台的原生代码，例如我们可以使用 Java 编写 Android 代码，或者使用 Object-C 编写 iOS 代码。如果需要编写非常高级的应用，就有可能使用原生的特性。

第 19 章　发布 Flutter 应用

介绍如何发布 Flutter 应用，包括打包应用及发布到 Android 应用商店和 Apple Store 上，还会介绍如何设置应用的图标和闪屏。

第 20 章　总结与回顾

回顾本书内容及成为 Flutter 开发者后的最佳实践。

第 10 章

优化 Flutter 应用功能

本章优化应用显示内容。这一章内容不多,但是很重要。通过学习本章内容,我们可以使应用更美观、更容易维护。下面让我们看看这一章有哪些内容。

10.1　优化 ListTile

首先通过编辑资讯页面 EditNewsPage 创建一条资讯 news,如图 10.1 所示。

在我的资讯页面中,显示如图 10.2 所示。

图 10.1　创建一条资讯　　　　　图 10.2　我的资讯页面

目前显示的效果还可以,但还可以优化一下。在 my_news.dart 文件中找到 ListTile,我们用小部件 CircleAvatar 包装这个图片,代码如下:

```
// Chapter10/10 - 01/lib/pages/my_news.dart
…
ListTile(                                              // 我的资讯中资讯记录
    leading: CircleAvatar(                             // 圆角方式显示
backgroundImage: AssetImage(news[index]['image']),
                                                       // 资讯中的图片
),
    …
```

CircleAvatar 可以包装一个图片或者其他任何内容,它可以以圆角的方式显示,如图 10.3 所示。

图 10.3　圆角显示图片

参数 backgroundImage 不可以直接赋值图片小部件,而是需要传入图片的提供者 ImageProvider,ImageProvider 可以使用 AssetImage 创建。

ListTitle 还有个参数 subtitle,我们可以传入 Text 小部件,也可以传入其他小部件,例如 Icon 小部件等。Text 中可以使用'＄{news[index]['score']}',代码如下:

```
// Chapter10/10 - 01/lib/pages/my_news.dart
```

```
…
title: Text(news[index]['title']),                          // 资讯标题
subtitle:Text('$ {news[index]['score']}'),                  // 资讯子标题
…
```

这样资讯分数就会显示在资讯标题的下面,如图 10.4 所示,整体看起来更美观了。

我们还可以在每条资讯列表的下面添加一个水平线小部件 Divider,首先把 Column 加在 ListTile 外面,Column 中第一个子部件是 ListTile,然后在它的后面添加另外一个小部件 Divider,Divider 会画一个水平线,这样看起来就更美观了,如图 10.5 所示。

图 10.4 使用 subtitle   图 10.5 每条记录之间有水平分隔线

10.2 通过 Dismissible 小部件实现滑动删除

在我的资讯列表中不能删除资讯,我们希望通过从右边向左滑动某条记录时能够删除这条记录,在其他 App 中会看到这样的效果。

Flutter 提供了一个特别的部件 Dismissible,把它放到记录 ListTitle 的最外层。代码如下:

```
// Chapter10/10 - 02/lib/pages/my_news.dart
…
```

```
Dismissible(                                    // 可删除的小部件
    child: Column(                              // 列小部件
        children: < Widget >[                   // 列中的子部件
            ListTile(                           // 资讯记录
...
```

把鼠标悬停在 Dismissible 上面的时候，提示需要一个 key，这个 key 不是表单中的key，而是帮助 Flutter 更新列表的唯一标识。如果要删除某条记录，Flutter 需要跟踪这个过程，然后显示删除这条记录后剩余的其他记录。Flutter 需要知道我们在哪条记录上滑动，然后将这条记录隐藏，这就是 Dismissible 中 key 的作用，这个 key 不是 Form 中对应的全局变量。

在 itemBuilder 的方法中创建一个方法内部的变量 key，类型是普通的 Key，Key 需要传入一个唯一标识。这里我们使用 news[index]['title']，以标题来表示唯一性，后面我们会使用资讯 id。代码如下：

```
// Chapter10/10 - 02/lib/pages/my_news.dart
...
ListView.builder(                               // 资讯列表
    itemBuilder:
    (BuildContext context, int index) {         // 构建每条记录
        Key key = Key(news[index]['title']);    // 创建 Key 对象
        return Dismissible(                     // 可删除小部件
        key:key                                 // 给 Dismissible 的 key 赋值
...
```

这条记录只是在显示上被删除了，实际上它并没有从 news 列表数据中被删除，但可以根据需要去实现真正删除的功能。保存后，就可以从右边向左滑动某条记录了。删掉某条记录后，再回到我的资讯页面时，发现这条数据并没有被删除，它只是从视图中被删除了。

给 Dismissible 加个背景色，这样效果会更好，在 Dismissible 小部件中有一个参数background，需要传入一个小部件，所以可以定义一个 Container，代码如下：

```
// Chapter10/10 - 02/lib/pages/my_news.dart
...
Dismissible(                                     // 可删除小部件
    background: Container(color:Colors.red),     // 删除背景为红色
...
```

保存并滑动我的资讯页面中的某条记录，显示效果如图 10.6 所示。

当滑动的时候能执行什么？我们可以监听这个事件，下一节实现这个功能。

图 10.6　删除资讯记录的效果

10.3　监听滑动手势删除数据及总结

上一节我们只是从显示中删除了记录，并没有真正地删除列表数据，现在实现一下真正的删除功能。在 main.dart 文件中，已经实现了删除资讯 news 的方法，代码如下：

```
// Chapter10/10-03/lib/main.dart
…
void _deleteNews(int index) {                              // 根据 news 的索引删除
setState(() {
    _news.removeAt(index);                                 // 删除索引 index 对应的 news
  });
 }
…
```

首先把_deleteNews 传到我的资讯 MyNewsPage 页面中。在 MyNewsPage 页面创建方法属性 deleteNews，然后通过构造器赋值，代码如下：

```
// Chapter10/10-03/lib/pages/my_news.dart
…
```

```
    final Function deleteNews;                          // 删除资讯方法属性
MyNewsPage(this.news, this.updateNews,                 // 构造器赋值
    this.deleteNews);
…
```

我们需要把这个方法跟滑动删除事件关联上，在这个删除方法中只需要传入一个 news 数组的索引，在 Dismissible 小部件中添加一个参数 onDismissed，当滑动删除时这个参数对应的方法会被调用。代码如下：

```
// Chapter10/10 - 03/lib/pages/my_news.dart
…
return Dismissible(                                     // 可删除小部件
onDismissed: (){},                                     // 滑动删除时调用的方法
…
```

方法中需要传入 DismissDirection 类型的参数，通过 DismissDirection 可以监听滑动的方向，例如从右边向左滑动时调用哪个方法或者从左边向右滑动时执行哪个方法。我们这里只监听从右到左，在方法中调用删除方法 deleteNews()，并把 news 的索引传入，代码如下：

```
// Chapter10/10 - 03/lib/pages/my_news.dart
…
onDismissed: (DismissDirection direction){             // 监听滑动方向
    if(direction == DismissDirection.endToStart){      // 从右向左滑动时
deleteNews(index);                                     // 删除这条记录
    }
}
…
```

这样就可以在数据中也删除这条记录了。

本章我们学习了使用 Dismissible 实现删除功能，在我的资讯页面中，我们把资讯记录中的"编辑"按钮封装到一个方法 _buildEditButton() 中，这个方法需要传入 context 和资讯记录的索引，然后在 ListTile 中调用 _buildEditButton() 方法，代码如下：

```
// Chapter10/10 - 03/lib/pages/my_news.dart
…
    subtitle: Text('${news[index]['score']}'),         // 资讯子标题
    trailing: _buildEditButton(context, index),        // 构建编辑按钮
…
```

使用同样的方式优化编辑页面，把页面内容 pageContent 放到 _buildPageContent() 方法里。这种方法优化代码使项目的代码更易读，下一章我们优化传递数据的方式。

第 11 章

状态集中管理 Scope Model

第 10 章我们优化了 App 的页面,本章优化一下 App 中管理数据的方式。当前 App 使用传递参数的方式传递数据,这种方式需要穿越多层小部件来传递数据。本章我们将全面改进数据和状态的管理方式,使数据更容易维护和扩展。

11.1　优化 Flutter 状态管理

在 main. dart 文件中,这里目前管理整个应用的状态数据,main. dart 中包含主要的资讯数组数据,代码如下:

```
List<Map<String, dynamic>> _news = [];                  // 资讯数组数据
```

main. dart 中还包含添加、更新、删除资讯数据的方法,我们可以把方法的引用和资讯数组数据向下级小部件传递。使用这种方式没问题,但不是最好的方式。随着 App 功能的增多,可能会有更复杂的小部件树,使用这种方式需要穿越更多层的小部件来传递数据。

资讯管理页面 ManageNews 需要接收所有的方法引用和 news 数据,代码如下:

```
// Chapter10/10 – 03/lib/pages/manage_news. dart
…
class ManageNews extends StatelessWidget {              // 资讯管理页面
  final Function addNews;                               // 添加资讯方法
  final Function deleteNews;                            // 删除资讯方法
  final Function updateNews;                            // 更新资讯方法
  final List<Map<String,dynamic>> news;                // 资讯数组数据
ManageNews(this. addNews,                               // 构造器赋值
      this. deleteNews,
      this. news,
      this. updateNews);
…
```

但 ManageNews 并没有使用这些方法和属性,而是把方法和属性传递到它的子部件 Tab 中。代码如下:

```
// Chapter10/10 – 03/lib/pages/manage_news.dart
…
body: TabBarView(                                  // 标签页内容
    children: <Widget>[                            // 标签页子部件
    EditNewsPage(addNews:addNews),                 // 编辑资讯页面
    MyNewsPage(news,updateNews,deleteNews)         // 我的资讯页面
],
        ),
…
```

我的资讯页面 MyNewsPage 也没有使用所有的方法,MyNewsPage 把更新资讯的方法引用传到了 EditNewsPage 编辑资讯页面。我们使用了一个很复杂的链条来传递数据,这是要在本章中解决的问题。

现在 App 使用 Map 保存着资讯 news 的数据,而且 Map 中没有资讯 id,我们没有定义自己的类型,所以我们需要定义一下资讯的类型,通过自定义的类型实例化资讯 news。

11.2　自定义实体类

定义实体类需要使用 class 关键字,我们把自定义的实体类放在新的目录中。在 lib 目录下,新建目录 models。自定义的类可以通过实例化管理数据。

在 models 目录中,新建 news_model. dart 文件,在 news_model. dart 文件中创建类 NewsModel。代码如下:

```
class NewsModel{                                   //自定义资讯类
}
```

我们可以在类中添加一些属性,例如资讯 Map 中包含的属性,我们在 NewsModel 类中创建这些属性,代码如下:

```
// Chapter11/11 – 02/lib/models/news_model.dart
…
class NewsModel{                                   // 资讯类
  final String title;                              // 资讯标题
  final String description;                         // 资讯描述
  final double score;                              // 资讯分数
  final String image;                              // 资讯图片

NewsModel({this.title,                             // 命名参数构造器
    this.description,
    this.score,
    this.image});

}
…
```

final 表示使用 NewsModel 对象过程中不编辑它,而是使用新的 NewsModel 对象替换旧的 NewsModel 对象,NewsModel 类中新创建了 4 个属性,同时通过命名参数的方式创建了 NewsModel 的构造器。

如果命名参数中的参数是必填的,需要在参数前加注解 required,代码如下所示:

```
@required this.title                                    //资讯标题必填
```

@required 是 Flutter 中 material 包附带的,所以需要引入 material 包。命名参数能让使用者更灵活地传递参数。

现在我们就可以使用 NewsModel 类了,在 main.dart 文件中,首先需要引入 NewsModel 类对应的文件,然后把资讯数组数中的泛型数据定义为 NewsModel 类型。代码如下:

```
// Chapter11/11 - 02/lib/main.dart
…
class _MyappState extends State < Myapp > {        // Myapp 对应的状态
  List < NewsModel > _news = [];                    // NewsModel 类型数组
…
```

需要修改很多地方的代码,例如添加资讯的方法、更新资讯的方法等。现在资讯数组 news 中保存的是 NewsModel 类型的数据,所以可以直接使用点加属性来访问数据。

```
title: _news[index].title,                            //访问对象中的属性
```

现在我们使用了自定义的类型 NewsModel 保存着资讯的数据,但是应用中还是到处传递状态数据,下一节我们解决这个问题。

11.3　创建 Scoped Model

在 main.dart 中四处传递数据存在两个问题,第一个问题我们需要把数据传递给小部件,小部件需要在构造器中接收这个数据;第二个问题是 main.dart 文件将变得臃肿,目前这里只有一组数据,但是如果在 main.dart 中再管理用户数据或者其他数据,根小部件就会变得越来越大,这将使管理状态变得非常复杂。

如果从事过 Web 开发,可能听说过一种解决方案 Redux(用一个单独的常量状态树保存整个应用的状态)。在应用中创建中央状态,让状态数据与小部件分离,然后再将状态数据注入到不同的小部件中,使用这种方式就不必通过构造器传递数据了。我们只需要从小部件中访问需要的状态数据就可以了。这种方式可以将小部件显示与管理状态数据分开。当前的 App 是将显示和数据合并在了一起。

Flutter 中有个第三方包帮助我们完成这项工作,这个第三方包是 scoped_model。Dart 语言允许使用第三方包,Flutter 同样也支持第三方包。在浏览器中输入网址 https://pub.dev/flutter 查询 Flutter 的第三方包,这个网站提供大量的第三方包,如图 11.1 所示。

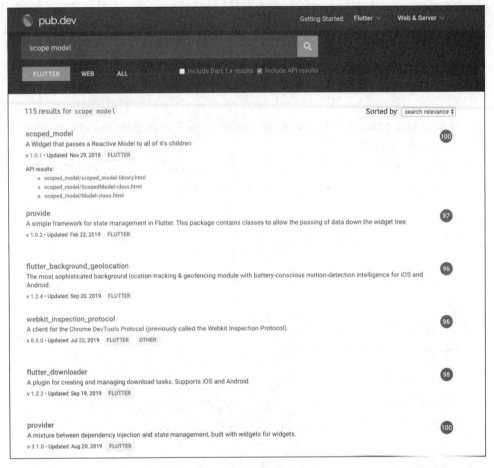

图 11.1 Flutter 的第三方包

    scoped_model 可以轻松地管理状态数据,官网上可以看到包的说明,例如如何安装、使用方法等,如图 11.2 所示。

    把 scoped_model:^1.0.1 复制一下,在 IDE 中编辑 pubspec.yaml,在 pubspec.yaml 的依赖中粘贴 scoped_model:^1.0.1,保存后,Visual Studio Code 会自动下载这个包。我们还可以在项目所在目录的终端中,使用命令 flutter packages get 加载这个包。

    scoped_model 允许我们创建一个中央状态数据,首先在 lib 目录下新建目录 scoped_models,scoped_models 和目录 models 的意义不同,models 中包含的是自定义的类型,scoped_models 中的类用来管理数据。

    在目录 scoped_models 中创建文件 news_scope_model.dart,创建类 NewsScopeModel,这里需要继承一个 scoped_model 包提供的类 Model。代码如下:

```
// Chapter11/11-03/lib/scoped_models/news_scope_model.dart
import 'package:scoped_model/scoped_model.dart';
```

图 11.2　scoped_model 的使用说明

```
class NewsScopeModel extends Model{                        // 继承 Model

}
```

在 main.dart 文件中,把在 main.dart 中集中管理的资讯数组 news、添加资讯方法、更新资讯方法、删除资讯方法剪切下来,然后粘贴到 NewsScopeModel 中。在 NewsScopeModel 中不能使用 setState()方法,因为 NewsScopeModel 不是 StatefulWidget。代码如下:

```
// Chapter11/11 - 03/lib/scoped_models/news_scope_model.dart
import 'package:scoped_model/scoped_model.dart';          // 引入包
import '../models/news_model.dart';                       // 引入自定义类
class NewsScopeModel extends Model {                       // 状态管理类
  List < NewsModel > _news = [];                           // 资讯数组数据
  void addNews(NewsModel news) {                           // 添加资讯
```

```
    _news.add(news);
  }
  void deleteNews(int index) {                        // 删除资讯
    _news.removeAt(index);
  }
  void updateNews(int index, NewsModel news) {        // 更新资讯
    _news[index] = news;
  }
}
```

方法前没有下画线表示方法可以被外部调用。现在资讯数组 news 不能被返回,需要创建一个获取资讯数组的方法,方法的返回值是 List < NewsModel >,代码如下:

```
…
List < NewsModel > get newsList{                        // 获取资讯数组的方法
  }
…
```

在方法名 newsList 前面添加一个 get 关键字,表示我们通过 NewsScopeModel 的对象加. newslist 就可以访问属性了,newslist 后面不需要加括号。newsList 方法是一个没有参数的方法。使用 get 关键字时不可以使用参数列表。

然后在方法体中返回资讯数组 news,代码如下:

```
return _news;                                         // 返回资讯数组
```

这里的 _news 是一个引用类型,意味着真实的 news 值存储在内存中的一个地址里。这里我们希望返回_news 的副本。一个新的_news 而不是现有_news。

List 有个 from()方法,可以把当前的资讯数组数据传递给 from()方法,代码如下:

```
// Chapter11/11 - 03/lib/scoped_models/news_scope_model.dart
…
List < NewsModel > get newsList{                        // 获取资讯数组数据
    return List.from(_news);                            // 返回新的_news 对象
  }
…
```

from(_news)表示将_news 复制到新数组中,这样就不会返回指向同一个对象的指针,而是返回一个全新的列表。以这种方式从外部获取到资讯数组数据后,当对获取的资讯数组数据编辑时,不会影响 NewsScopeModel 中的真实数据,这才是我们想要的。保证在 NewsScopeModel 中 NewsScopeModel 的属性是私有的,只能通过 NewsScopeModel 中的方法改变 NewsScopeModel 中属性的值。不让外部直接操作 NewsScopeModel 中的属性,这样才是对状态数据的封装。

下一节我们看一下怎么使用 NewsScopeModel。

11.4　与 Scoped Model 建立联系

首先把所有页面中传递的参数删除，现在我们不想使用这种链条方式传递数据，同时把属性和构造器都删除。

然后在 News 小部件中，把它的属性和构造器删除，让 scoped_model 发挥作用。在 build()方法中，需要返回一个 scoped_model 包提供的小部件，所以首先需要引入 scoped_model 包。在 build()方法这里，需要添加 ScopedModelDescendant。ScopedModelDescendant 是一个特殊的小部件，它有一个参数叫 builder，builder 需要传入方法并接收 3 个参数，把鼠标悬停在 builder 上面可以看到 3 个参数的类型分别是 BuildContext、Widget 和 Model。

第一个参数和我们之前用到的一样，表示应用的上下文 BuildContext context。第二个参数传入一个小部件，表示无法获得 Model 数据的子部件，我们很少使用这个参数。第三个参数类型是 Model，表示当 model 中的数据发生变化时，参数 builder 对应的方法就会被执行。现在我们还没有指定这个 model，我们可以使用泛型来指定，例如这里我们使用的是 NewsScopeModel。代码如下：

```
// Chapter11/11 - 04/lib/widgets/news/news.dart
…
@override
  Widget build(BuildContext context) {                    // News 小部件中的构建方法
return ScopedModelDescendant < NewsScopeModel >(         // 使用 ScopeModel
      builder: (BuildContext context, Widget child, NewsScopeModel model) {
        return buildNewsList();                           // 返回资讯列表
      },
    );
  }
…
```

builder 方法会在 NewsScopeModel 中的数据发生变化时调用，方法中我们把资讯列表小部件返回。在 builder 方法中我们可以访问 model 中的数据，因为 model 已经作为一个参数传过来了，所以这里可以通过 model. newslist 获取 news 的值，然后在 buildNewsList()方法中添加一个参数 List < NewsModel > news。代码如下：

```
…
return buildNewsList(model.newsList);                     // 返回参数列表
…
```

在编辑资讯页面 EditNewsPage 页面中，可以使用 NewsScopeModel 中的创建资讯方法和更新资讯方法。scoped_model 需要在 build()方法中访问我们的 NewsScopeModel。

我们把"创建"按钮放到方法_buildSubmitButton()中，然后在_buildSubmitButton()中使用 scoped_model。代码如下：

```
// Chapter11/11 - 04/lib/pages/edit_news.dart
…
Widget buildSubmitButton() {                          // 构建按钮的方法
return ScopedModelDescendant < NewsScopeModel >(      // 使用 scoped_model
      builder: (BuildContext context,                 // builder()方法
Widget child, NewsScopeModel model) {
        return RaisedButton(                          // 返回按钮
          color: Theme.of(context).accentColor,       // 按钮的颜色
textColor: Colors.white,                              // 按钮文字的颜色
          child: Text('创建'),                          // 按钮上的文字
onPressed: (){                                        // 按钮的单击事件
            _submitForm(model.addNews,model.updateNews);
                              // 使用 NewsScopeModel 中的新增和更新方法
          },
        );
      },
    );
  }
…
```

在提交方法_submitForm 中传入参数方法类型的参数,代码如下:

```
…
    // 编辑资讯的提交表单方法
    void _submitForm(Function addNews,FunctionupdateNews){
…
```

现在项目中并没有创建 NewsScopeModel 实例,我们只是在参数中使用了,所以需要创建一个实例,然后提供给应用中的小部件。应用中有很多地方需要使用同一个实例 NewsScopeModel。

我们已经定义了 NewsScopeModel 类,现在需要在 main.dart 中包装 MaterialApp,代码如下所示:

```
// Chapter11/11 - 04/lib/main.dart
…
@override
  Widget build(BuildContext context) {                // 构建方法
    return ScopedModel < NewsScopeModel >(            // 返回 ScopedModel
      model: NewsScopeModel(),                        // 创建 NewsScopeModel 实例
      child: MaterialApp(                             // 根小部件
…
```

在 App 开始构建的时候,我们创建了一个 NewsScopeModel 实例,并且把这个实例传递给 MaterialApp 及其所有的子部件,而不是使用构造器的方式向下传递,这样我们就不需要使用参数向下传递数据了。

11.5　使用 Scoped Model 编辑和删除

在编辑页面 EditNewsPage 中,我们已经使用了 scoped_model。现在修改更新资讯 news 方法。在 NewsScopeModel 中没有定义选中资讯 news 的索引。在 NewsScopeModel 中需要一个整型数据,表示选中资讯 news 的索引,代码如下:

```
int _selectedIndex;                              //资讯数组中选中的资讯索引
```

我们需要添加一些方法来设置 _selectedIndex 的值,添加设置选中资讯索引的方法,代码如下:

```
// Chapter11/11-05/lib/scoped_models/news_scope_model.dart
…
void selectNews(int index){                      // 设置选中资讯的方法
    _selectedIndex = index;                      // 赋值选中的资讯索引
  }
…
```

这样我们就知道选择了哪条资讯记录,在更新和删除方法中就不需要传入资讯数组的索引 index 了,而是直接使用 selectedIndex。代码如下:

```
// Chapter11/11-05/lib/scoped_models/news_scope_model.dart
…
void deleteNews() {                              // 删除资讯的方法
    _news.removeAt(_selectedIndex);              // 删除选中的记录
  }

  void updateNews(NewsModel news) {              // 更新资讯的方法
    _news[_selectedIndex] = news;                // 更新选中的记录
  }
…
```

在我的资讯页面 MyNewsPage 中,去掉传入编辑资讯页面的参数,然后使用 scoped_model 方式实现。ScopedModelDescendant 必须在小部件的外面使用,例如把 ScopedModelDescendant 包装在 Scaffold 页面外面,然后在跳转到编辑资讯之前调用 NewsScopeModel 中的 selectNews()方法选中一条记录。代码如下:

```
// Chapter11/11-05/lib/pages/my_news.dart
…
Navigator.of(context).push(                      // 导航到编辑资讯页面
    MaterialPageRoute(builder: (BuildContext context) {
    model.selectNews(index),                     // 设置选中的资讯索引
    return EditNewsPage();                        // 编辑资讯页面
    }),
```

```
        );
…
```

在我的资讯页面中，删除资讯这里需要选中资讯记录，然后删除记录，代码如下：

```
// Chapter11/11－05/lib/pages/my_news.dart
…
if (direction == DismissDirection.endToStart) {        // 滑动方向
    model.selectNews(index);                           // 选中记录
    model.deleteNews();                                // 删除记录
    }
…
```

在编辑资讯页面 EditNewsPage 中，我们可以通过 NewsScopeModel 中 _selectedIndex 的值判断当前是新建模式还是编辑模式。首先把编辑资讯页面中的表单 Form 小部件用 ScopedModelDescendant 包装起来，代码如下：

```
// Chapter11/11－05/lib/pages/edit_news.dart
…
child: ScopedModelDescendant(                          // 使用 scoped_model
  builder: (BuildContext context,                      // builder()方法
  Widget child, NewsScopeModel model) {
            return Form(                                // 表单小部件
              key: _formkey,
…
```

在 NewsScopeModel 中只有一个设置方法，这意味着当我们新增、更新、删除资讯之后需要把 _selectedIndex 设置为空。代码如下：

```
// Chapter11/11－05/lib/scoped_models/news_scope_model.dart
…
void addNews(NewsModel news) {                         // 添加资讯的方法
    _news.add(news);                                   // 添加资讯
    _selectedIndex = null;                             // 重置选中索引
  }

  void deleteNews() {                                  // 删除资讯的方法
    _news.removeAt(_selectedIndex);                    // 删除选中的记录
    _selectedIndex = null;                             // 重置选中的索引
  }

  void updateNews(NewsModel news) {                    // 更新资讯的方法
    _news[_selectedIndex] = news;                      // 更新选中记录
    _selectedIndex = null;                             // 重置选中的索引
  }
…
```

然后我们需要给 _selectedIndex 添加一个获取数据的方法，代码如下：

```
int get selectedIndex{ return _selectNews;}                      //获取选中的索引
```

在编辑资讯页面中，如果 model.selectedIndex 等于 null 表示没有选中某一个资讯 news，需要在 builder 方法中调用创建资讯的方法。

```
// Chapter11/11-05/lib/pages/edit_news.dart
…
if (model.selectedIndex == null) {              // 如果没有选中资讯
model.addNews(_formData);                       // 调用创建资讯方法
    } else {
model.updateNews(                               // 调用更新资讯方法
    model.newsList[model.selectedIndex]);
    }
…
```

在 NewsScopeModel 类中，我们可以通过_selectedIndex 和_news 获得选中的资讯的 news，所以这里需要创建一个获取选中资讯记录的方法，代码如下：

```
// Chapter11/11-05/lib/scoped_models/news_scope_model.dart
…
NewsModel get selectedNews{                      // 获取选中的资讯记录
    return _news[_selectedIndex];                // 选中的资讯记录
  }
…
```

在编辑资讯页面 EditNewsPage 中，我们可以通过 NewsScopeModel 中的 selectedNews 方法获取选中的 news，然后进行初始化。代码如下：

```
// Chapter11/11-05/lib/pages/edit_news.dart
…
Widget buildDescTextField(NewsScopeModel model) {   // 构建资讯描述
    return TextFormField(                           // 描述文本框
initialValue: model.selectedNews == null            // 描述初始化
? '':model.selectedNews.description,
…
```

在 NewsScopeModel 中的 selectedNews()方法需要添加一个 if 判断语句，表示如果没有选中资讯记录，返回 null，然后在提交表单时调用 addNews()方法。代码如下：

```
// Chapter11/11-05/lib/scoped_models/news_scope_model.dart
…
NewsModel get selectedNews{                        // 获取选中资讯记录
    if(_selectedIndex == null){                    // 如果选中的索引为空
      return null;                                 // 返回 null
    }
    return _news[_selectedIndex];                  // 返回索引对应的资讯
  }
```

这样我们就可以通过 scoped_model 的方式创建资讯和编辑资讯了。

11.6　收藏功能

当前资讯列表中包含了收藏按钮，如图 11.3 所示。

图 11.3　资讯列表的收藏按钮

　　下面让我们实现一下资讯的收藏功能。首先在 NewsModel 类中，添加一个属性，类型是 bool 类型，属性名是 isFavorite，表示用户是否收藏当前的资讯 news。代码如下：

```
// Chapter11/11－06/lib/models/news_model.dart
class NewsModel {                              // 资讯实体类
  final String title;                          // 资讯标题
  final String description;                     // 资讯描述
  final double score;                          // 资讯分数
  final String image;                          // 资讯图片
  final bool isFavorite;                        // 是否收藏

  NewsModel(                                   // 资讯实体类构造器
      {@required this.title,
      @required this.description,
      @required this.score,
      @required this.image,
  this.isFavorite = false});
}
```

默认值为 false,表示默认情况是没有收藏的。我们需要通过 scoped_model 控制所有的状体数据,所以在 NewsScopeModel 类中添加方法 toggleFavorite(),代码如下:

```
// Chapter11/11 - 06/lib/scoped_models/news_scope_model.dart
…
void toggleFavorite() {                              // 收藏功能
bool currentValue = selectedNews.isFavorite;         // 选中资讯的收藏状态
    bool newValue = !currentValue;                   // 切换收藏状态
NewsModel news = NewsModel(                           // 新建资讯实体
        title: selectedNews.title,                   // 标题赋值
        description: selectedNews.description,        // 描述赋值
        score: selectedNews.score,                   // 分数赋值
        image: selectedNews.image,                   // 图片赋值
isFavorite: newValue);                               // 收藏状态
    _news[_selectedIndex] = news;                    // 更新选中资讯
    _selectedIndex = null;                           // 重置资讯索引
  }
…
```

然后我们需要在 NewsCard 中使用 toggleFavorite()方法,所以收藏按钮需要使用 scoped_model 包装一下。代码如下:

```
// Chapter11/11 - 06/lib/widgets/news/news_card.dart
  …
ScopedModelDescendant < NewsScopeModel >(            // 使用 scopded_model
  builder:                                           // builder()方法
  (BuildContext context, Widget child, NewsScopeModel model) {
    return IconButton(                               // 图标按钮
    icon: Icon(                                      // 图标小部件
    Icons.favorite_border,                           // 空心收藏图标
    size: 20,                                        // 图标大小
    color: Colors.red,                               // 图标颜色
     ),
    onPressed: () {                                  // 单击事件
    model.selectNews(index);                         // 选中当前记录
    model.toggleFavorite();                          //切换收藏功能
  },
  );
  },
  …
```

在单击收藏按钮的方法中,我们首先设置了选中的资讯索引,然后调用了 toggleFavorite()方法。当前的收藏图标是空心的,我们需要在单击收藏按钮时,把空心的收藏图标变成实心的,代码如下:

```
//动态显示收藏按钮
model.newsList[index].isFavorite?Icons.favorite:Icons.favorite_border,
```

此时点击收藏图标后,收藏图标没有任何反应。如果重新切换资讯列表页面,我们发现收藏按钮变成实心的了,如图 11.4 所示。

图 11.4   已收藏资讯

下一节我们学习动态显示收藏状态。

11.7   使用 notifyListeners()方法

上一节我们实现了收藏功能,但是需要来回切换页面才能更新收藏的状态,那么如何在当前页面就能生效呢?当我们在资讯列表中单击收藏图标时,在 NewsScopeModel 中,需要告诉 Flutter 我们做了一些改变,让 Flutter 知道我们更新了数据。如果不告诉 Flutter 数据发生了变化,Flutter 不会重新构建。

在 NewsScopeModel 的收藏方法中,需要调用一个方法来告诉 Flutter 我们完成了一个操作,就像之前使用的 setState()方法一样。我们可以通过调用 notifyListeners()方法来实现,notifyListeners()是 scoped_model 包提供的,所以我们在 toggleFavorite()方法执行完更新逻辑后,调用 notifyListeners()方法,代码如下:

```
// Chapter11/11-07/lib/scoped_models/news_scope_model.dart
…
    _news[_selectedIndex] = updateNews;              // 更新选中的资讯
    _selectedIndex = null;                           // 重置选中资讯索引
```

```
notifyListeners();                                    // 重新执行 builder 中的方法
…
```

调用 notifyListeners（）方法会使 NewsCard 小部件中 ScopedModelDescendant 的 builder（）方法重新执行，而不会调用 NewsCard 小部件中 build（）方法，只是调用 ScopedModelDescendant 包装中的 builder（）方法，notifyListeners（）方法是一个很高效的方法。保存后，在资讯列表页面单击收藏按钮后，图标就会变成收藏状态。

11.8　过滤收藏的内容

本节我们在导航栏中添加过滤收藏内容的功能。单击导航栏中的收藏按钮显示所有资讯或只显示收藏的资讯。例如，如果导航栏中的图标是实心的收藏图标，只显示收藏的资讯；如果是空心的收藏图标，显示所有的资讯。这意味着我们必须能够返回过滤的资讯 news 列表。

在 NewsScopeModel 中，我们需要管理一个新的数据，代码如下：

```
bool_showFavorites = false;                           //过滤收藏内容的状态数据
```

将_showFavorites 的默认值设置为 false，表示显示全部的资讯。如果_showFavorites 为 true，表示只返回收藏的资讯数据。我们需要一个方法来编辑_showFavorites。代码如下：

```
// Chapter11/11 - 08/lib/scoped_models/news_scope_model.dart
…
void toggleDisplayModel(){                             // 切换过滤的状态
    _showFavorites = ! _showFavorites;                // 切换 bool 值
  }
…
```

我们还需要返回过滤后的资讯数组 news，需要在 NewsScopeModel 中创建一个获取过滤后资讯的方法。代码如下：

```
// Chapter11/11 - 08/lib/scoped_models/news_scope_model.dart
…
List < NewsScopeModel > get displayNews {             // 过滤后的资讯
    if (_showFavorites) {                             // 如果只显示收藏
      return List.from(_news.where((NewsModel news) {
        return news.isFavorite;                       // 收藏的资讯列表
      }).toList());                                   // 转化成列表
    }else{                                            // 否则显示全部
      return List.from(_news);                        // 全部资讯列表
    }
  }
…
```

where()方法返回一个满足要求的新的列表,where 需要传递一个方法,可以是匿名方法,匿名方法中需要传递一个遍历类型的参数,匿名方法的返回值是 bool 类型。Dart 自动遍历整个资讯_news 列表,每条资讯将执行一次匿名方法。如果匿名方法返回 true,那么这条资讯 news 就是返回的新的资讯列表中的一条记录;如果返回 false,将不会包含在新的列表中。最后需要调用 toList()方法返回一个新的列表,这样我们就返回了一个过滤后的列表。

在 News 小部件的 build()方法中,把 model. newsList 改成 model. displayNews,然后在 NewsListPage 页面中设置导航栏中有收藏按钮的单击方法和状态,代码如下:

```
// Chapter11/11 - 08/lib/widgets/news/news.dart
…
appBar: AppBar(                                          // 资讯列表导航栏
    actions: < Widget >[                                 // 导航栏右侧操作
    ScopedModelDescendant < NewsScopeModel >(builder:
  (BuildContext context,
Widget child, NewsScopeModel model) {                    // 使用 scoped_model
            return IconButton(                           // 图标按钮
              icon: Icon(Icons. favorite),               // 实心收藏图标
onPressed: () {                                          // 单击按钮事件
model. toggleDisplayModel();                             // 切换显示状态
            },
          );
        }),
      ],
      title: Text('资讯标题'),                             // 导航栏标题
    ),
…
```

在 NewsScopeModel 中,需要添加获取显示状态的方法,代码如下:

```
// Chapter11/11 - 08/lib/scoped_models/news_scope_model.dart
…
bool get displayFavorite{                                // 获取过滤模式状态
    return _showFavorites;                               // 返回是否显示收藏资讯
  }
…
```

然后在导航栏的按钮中,增加图标的显示条件,代码如下:

```
// Chapter11/11 - 08/lib/widgets/news/news.dart
icon: model. displayFavorite?                           // 收藏显示实心
Icon(Icons. favorite):Icon(Icons. favorite_border),     // 否则显示空心
```

保存并重启后,显示效果如图 11.5 所示。

图 11.5 过滤收藏的资讯

11.9 添加用户实体

当我们创建一个资讯 news 的时候，需要把用户的 id、用户名等信息添加到这个资讯 news 中。首先在 models 目录下创建一个 UserModel，然后在目录 scope_models 中创建 UserScopeModel。UserModel 包含用户 id 和用户名，代码如下：

```
// Chapter11/11 - 09/lib/models/user_model.dart
import 'package:flutter/material.dart';          // 引入 material 包
class User {                                      // 用户类
  final String id;                                // 用户 id
  final String userName;                          // 用户名
  final String password;                          // 密码
  User({@required this.id,                        // 构造器
  @required this.userName,
  @required this.password});
}
```

UserModel 是用户模型，它允许我们创建一个用户对象。如果需要管理用户数据，我们需要创建一个 scope model。代码如下：

```
// Chapter11/11 - 09/lib/scoped_models/user_scope_model.dart
```

```
…
class UserScopeModel extends Model{                    // 用户的 scope model
UserModel_user;                                        // 用户实体类
}
```

在 UserScopeModel 中添加一个登录方法 login，传入两个参数，代码如下：

```
// Chapter11/11 – 09/lib/scoped_models/user_scope_model.dart
…
void login(String userName, String password) {         // 登录方法
    _user =                                            // 根据用户名和密码创建用户
UserModel(id: '1', userName: userName, password: password);
  }
…
```

在 auth. dart 文件中提交表单的方法中，需要调用 UserScopeModel 中的 login() 方法，但是登录页面是 main. dart 文件中的一个页面，main. dart 文件中使用了 ScopeModel，model 参数只能指定 NewsScopeModel，但是我们还需要使用 UserScopeModel。下一节我们解决这个问题。

11.10　使用 mix 特性合并模型

我们创建了 UserScopeModel，需要在 main. dart 文件中使用 UserScopeModel，因为登录页面需要使用 UserScopeModel，但是 ScopedModel 的 model 参数只能接收一个 scope model。我们可以使用 Dart 的 mix 特性把多个类合并到一起。首先创键一个新的模型 MainScopeModel，代码如下：

```
// Chapter11/11 – 10/lib/scoped_models/main_scope_model.dart
class MainScopeModel extends Model{}                    // 合并后的模型
```

然后使用关键字 with，代码如下：

```
// Chapter11/11 – 10/lib/scoped_models/main_scope_model.dart
class MainScopeModel extends Model                      // 合并类
with NewsScopeModel,UserScopeModel{                     // 合并资讯和用户类
}
```

with 表示把其他类的方法合并到当前这个类中，所以不是继承一个类。MainScopeModel 不能使用 NewsScopeModel 类和 UserScopeModel 类中的方法，也不能继承它们的属性，也不能调用构造器，只是把类中的方法和属性合并到一个类中，这样就把 NewsScopeModel 和 UserScopeModel 两个类合并到一个类中了。在 main. dart 文件中，我们使用 MainScopeModel 给 ScopeModel 中的参数 model 赋值，代码如下：

```
// Chapter11/11 – 10/lib/main.dart
```

```
…
Widget build(BuildContext context) {                          // 应用的构建方法
    return ScopedModel < MainScopeModel >(                     // 使用 ScopedModel
        model: MainScopeModel(),                               // 使用合并后的类
…
```

把其他文件中的 NewsScopeModel 替换成 MainScopeModel。替换后不会报错，同时 model 可以使用两个类的方法。

在登录页面使用 MainScopeModel 调用 login()方法登录，代码如下：

```
// Chapter11/11 - 10/lib/pages/auth.dart
…
ScopedModelDescendant < MainScopeModel >(builder:             //使用 scope model
    (BuildContext context, Widget child,
    MainScopeModel model) {
    return RaisedButton(                                       // 登录页面登录按钮
    textColor: Colors.white,                                   // 登录按钮文字颜色
    color: Theme.of(context).accentColor,                     // 登录按钮背景色
    child: Text('登录'),                                        // 登录按钮上的文字
    onPressed: (){                                            // 登录按钮单击事件
    submit(model);                                            // 提交方法
        },
        );
}),
…
```

单击登录按钮调用的方法需要修改，代码如下：

```
// Chapter11/11 - 10/lib/pages/auth.dart
…
void submit(MainScopeModel model) {                            // 提交方法
model.login(_username, _password);                            // 登录方法
Navigator.pushReplacementNamed(context, '/home');
                                                              // 导航到首页
    }
…
```

11.11 连接模型和共享数据

现在需要把 NewsScopeModel 和 UserScopeModel 建立联系。给 NewsModel 添加一个属性 userName，当我们创建资讯时把 userName 作为资讯 news 的属性保存起来。在 NewsScopeModel 中需要修改 addNews 方法。代码如下：

```
// Chapter11/11 - 11/lib/scoped_models/mix_model.dart
…
```

```
void addNews(String title, String description, double score, String image,) {
                                                       // 添加资讯方法
NewsModel news = NewsModel(                             // 创建实体对象
    title: title,                                      // 资讯标题
    description: description,                           // 资讯描述
    score: score,                                      // 资讯分数
    image: 'assets/news1.jpg',                         // 资讯图片
);
_news.add(news);                                       // 添加到数组
_selectedIndex = null;                                 // 重置选择索引
}
...
```

userId 和 userName 这两个参数可以通过 UserScopeModel 获取。我们可以创建一个公共的类 MixModel 作为父类，然后把 NewsScopeModel 的属性和 UserScopeModel 的属性放到 MixModel 中，类 NewsScopeModel 和类 UserScopeModel 继承 MixModel，这样实现共享数据。同时把类 NewsScopeModel 和类 UserScopeModel 放到 MixModel 所在文件，这样能保证类 MixModel 中属性私有。代码如下：

```
// Chapter11/11 - 11/lib/scoped_models/mix_model.dart
...
class MixModel extends Model {                          // 共享数据的父类
  List < NewsModel > _news = [];                        // 资讯数组数据
  int _selectedIndex;                                  // 选中的资讯索引
  bool _showFavorites = false;                          // 过滤收藏属性
UserModel _user;                                        // 登录的用户
}
...
```

MixModel 类表示用户和资讯的连接，它在管理资讯 news 数据的同时也知道用户 user 的数据。

在 NewsCard 小部件中添加一个文本 Text 显示用户名 userName 属性，代码如下：

```
// Chapter11/11 - 11/lib/widgets/news/news_card.dart
...
Score(news.score.toString()),                          // 资讯分数
Text(news.userName),                                   // 创建资讯的用户名
...
```

然后在 NewsScopeModel 类中，修改添加资讯方法，代码如下：

```
// Chapter11/11 - 11/lib/scoped_models/mix_model.dart
...
    image: 'assets/news1.jpg',                         // 资讯实体的图片
userId: _user.id,                                      // 创建资讯的用户 id
userName: _user.userName                               // 创建资讯的用户名
...
```

使用同样的方式,在 UserScopeModel 中把收藏方法和更新也加上用户名和用户 id。最后修改一下编辑资讯页面,在添加和更新资讯方法中传入对应参数。代码如下:

```
// Chapter11/11-11/lib/scoped_models/mix_model.dart
…
// 添加资讯的方法
model.addNews(title,description,score,'assets/news1.jpg');
…
// 更新资讯的方法
model.updateNews(title,description,score,'assets/news1.jpg');
…
```

11.12 总结

正确地管理数据状态可以使复杂的应用变得简单。本章我们创建了自定义的类并使用它保存数据,自定义类使应用变得更加清晰。我们还学习了 scoped_model,它是一个第三方包,能管理应用的数据,替代使用长链条方式传递数据,scoped_model 还可以把数据集中管理。

我们在 main.dart 中指定参数 model 的值,这个值可以向下传递。我们还可以调用 notifyListeners()方法来重新调用 builder 中的方法,并通过 with 合并多个 scope model。

第12章

Flutter 与 HTTP

现在 App 能够新建、查看、编辑和删除资讯 news，但是当我们重启应用后，所有的资讯数据都会丢失。我们可以创建后端服务器，然后在服务器上存储资讯数据、获取资讯数据。我们可以搭建这样的服务器，例如 Web 服务器，然后 App 发送 HTTP 请求，把数据发送到服务器，并在服务器存储这部分数据，或者 App 发送 HTTP 请求获取资讯列表的数据。服务器端使用 RESTful API 提供后端服务。接下来我们看一下 RESTful API 提供了哪些服务，以及如何在 Flutter 应用程序中与后端服务器交互。

12.1 后端服务接口

后端服务不需要在页面上显示内容，因为我们不会通过浏览器去访问页面，而是通过服务端提供的接口与后端服务交互。搭建后端服务不在这里过多介绍，这里主要学习 Flutter 如何与后端服务交互。后端服务定义了新建资讯的接口，如图 12.1 所示。

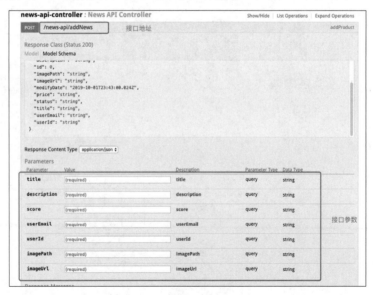

图 12.1　后端新增资讯接口

新增资讯成功后,返回的结果如图 12.2 所示。

```
Response Body

{
    "createDate": 1569978488286,
    "modifyDate": null,
    "id": 64,
    "title": "test-01",
    "description": "1",
    "price": "1",
    "userEmail": "user",
    "userId": "1",
    "imagePath": "1",
    "imageUrl": "1",
```

图 12.2　新增资讯的响应结果

12.2　Flutter 发送 POST 请求

发送请求需要第三方包 http,访问 https://pub.dev/packages/搜索 http,我们可以看到这个包,如图 12.3 所示。

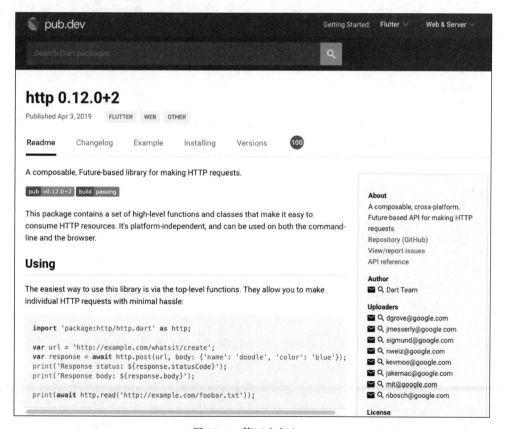

图 12.3　第三方包 http

单击"Installing"按钮可以看到 http 包的使用方式，如图 12.4 所示。

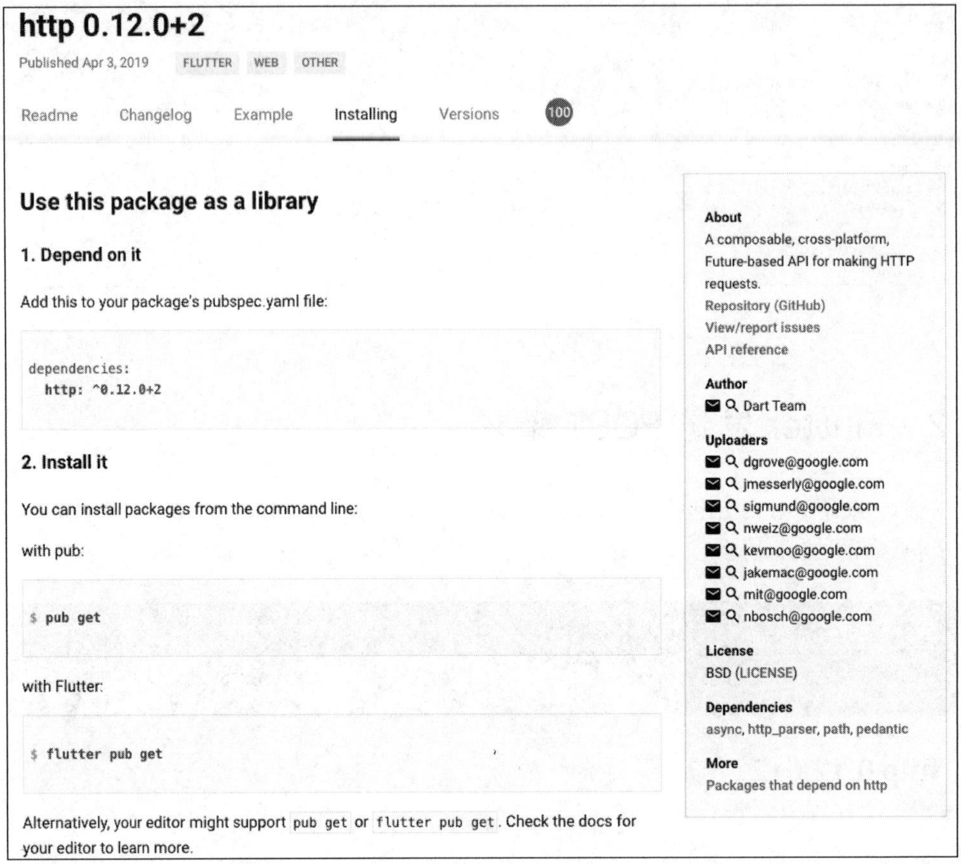

http 0.12.0+2

Published Apr 3, 2019　　FLUTTER　WEB　OTHER

Readme　　Changelog　　Example　　**Installing**　　Versions　　（100）

Use this package as a library

1. Depend on it

Add this to your package's pubspec.yaml file:

```
dependencies:
  http: ^0.12.0+2
```

2. Install it

You can install packages from the command line:

with pub:

```
$ pub get
```

with Flutter:

```
$ flutter pub get
```

Alternatively, your editor might support `pub get` or `flutter pub get`. Check the docs for your editor to learn more.

About
A composable, cross-platform, Future-based API for making HTTP requests.
Repository (GitHub)
View/report issues
API reference

Author
✉ 🔍 Dart Team

Uploaders
✉ 🔍 dgrove@google.com
✉ 🔍 jmesserly@google.com
✉ 🔍 sigmund@google.com
✉ 🔍 nweiz@google.com
✉ 🔍 kevmoo@google.com
✉ 🔍 jakemac@google.com
✉ 🔍 mit@google.com
✉ 🔍 nbosch@google.com

License
BSD (LICENSE)

Dependencies
async, http_parser, path, pedantic

More
Packages that depend on http

图 12.4　http 包的使用方式

在 pubspec.yaml 中粘贴依赖，代码如下：

```
…
dependencies:                          // 项目依赖
  flutter:
sdk: flutter                           // flutter 的 sdk
scoped_model: ^1.0.1                    // 集中管理状态数据
  http: ^0.12.0+2                      // 发送 HTTP 请求
…
```

保存后，IDE 会自动获取这个文件包，也可以在命令行中输入 flutter package get 来获取这个包，安装完成后就可以使用 http 包了，我们在 scope model 中使用 http 包。

在 mix_model.dart 文件中，我们已经定义了添加资讯的方法 addNews()，addNews() 方法创建的资讯 news 保存在本地，现在需要把创建的资讯发送到服务器，并在服务器中保存这条资讯。在 addNews()方法中，我们可以使用 http 包提供的客户端发送一个 POST

请求，POST 请求是 HTTP 的一种请求方式，表示可以隐式地传送数据，POST 请求的地址是上一节中 RESTful API 暴露的接口。

首先需要引入 http 包，代码如下：

```
import 'package:http/http.dart' as http;                    //引入 http 包
```

引入语句中使用 as http 可以避免命名冲突。as 后面的内容可以自定义，这样 http 包中引用的所有属性和方法都集中到 http 这个对象中。http 包提供了很多方法，例如 post() 方法等。

在 addNews()方法中，使用 http 包中的方法向服务器端发送请求，代码如下：

```
// Chapter12/12 - 02/lib/scoped_models/mix_model.dart
…
void addNews(String title, String description, double score, String image) {   // 添加资讯方法
http.post();                                              // 发送 POST 请求
…
```

http 包还提供了其他的方法，例如 get()方法、put()方法等。这里使用 post()方法。在参数中传入后端 API 暴露的地址，代码如下：

```
http.post('http://localhost:6379/news - api/addNews');        // 传入地址
```

这样我们就创建了一个 POST 请求，但是请求中没有包含数据，只有一个地址。要使请求中包含数据，首先需要创建一个 Map 类型，键是字符串类型，值是动态的，代码如下：

```
// Chapter12/12 - 02/lib/scoped_models/mix_model.dart
…
  Map < String, dynamic > newsData = {                       // 发送的数据
      'title': title,                                        // 资讯标题
      'description': description,                             // 资讯描述
      'score': score,                                        // 资讯分数
      'userEmail': _user.userName,                           // 创建资讯用户
      'userId': _user.id,                                    // 用户 id
      'imageUrl':                                            // 图片地址
'http://i9.hexunimg.cn/2014 - 12 - 04/171106102.jpg',
      'imagePath':''                                         // 图片路径
    };
…
```

这里的图片使用的是网络上的图片，接下来需要把 newsData 通过 post()方法发送到服务器端，post()方法中有个参数 body，它的值是 POST 请求中需要发送到服务器端的数据，可以把 newsData 赋值给 body。

这样就可以发送 HTTP 请求了，HTTP 请求过程需要时间，即使服务器端响应得再快也不可能像本地代码这样执行，因此不可以在发送请求的下一行直接编写代码。保存并重启应用，在应用中创建一条资讯 news 后，如图 12.5 所示。

图 12.5　App 新增资讯

我们发现服务器端新增了一条资讯，如图 12.6 所示。

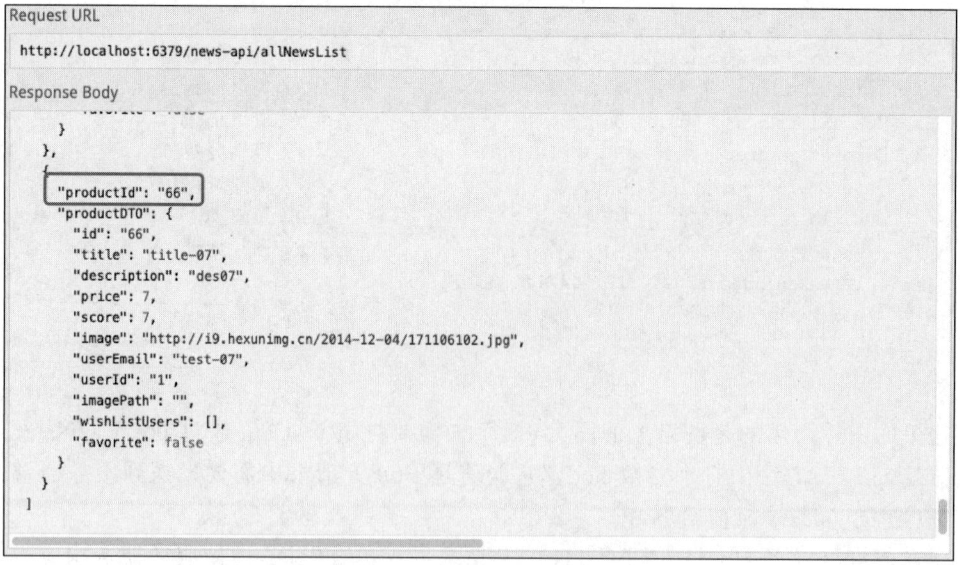

Request URL

http://localhost:6379/news-api/allNewsList

Response Body

        }
    },
    {
        "productId": "66",
        "productDTO": {
            "id": "66",
            "title": "title-07",
            "description": "des07",
            "price": 7,
            "score": 7,
            "image": "http://i9.hexunimg.cn/2014-12-04/171106102.jpg",
            "userEmail": "test-07",
            "userId": "1",
            "imagePath": "",
            "wishListUsers": [],
            "favorite": false
        }
    }
]

图 12.6　服务端资讯列表

服务器端新增的资讯自动生成了 id,所以 MixModel 中的 POST 请求已经生效了。下节学习如何与响应结果进行交互。

12.3　使用请求响应结果

服务器返回的结果中包含资讯 id,现在 NewsModel 类中并没有资讯 id 这个属性,需要添加一下,代码如下:

```
final String id;                                    //资讯 id
```

在 MixModel 中,资讯 id 应该是从服务器端返回的。post()方法返回的是 Future 类型,表示这个方法执行过程需要一些时间,当这个方法执行完成时会提醒我们。Future 提供了 then()方法,then()方法中需要传入一个方法作为参数,表示当服务器端的响应完成时,调用 then()方法,所以当这个异步请求完成时,方法中的内容会被执行。传入的可以是匿名方法,所以任何依赖这个异步代码完成后才能继续执行的内容,都应该放到这个方法体中。代码如下:

```
// Chapter12/12 - 03/lib/scoped_models/mix_model.dart
…
    http
.post('http://localhost:6379/news - api/addNews',
        body: newsData)
.then((response) {

        });
…
```

匿名参数中传入一个 http. Response 类型的参数 response。response 中包含属性 body,HTTP 响应状态码 statusCode。我们需要使用 body 中的内容,body 中的内容是 JSON 格式,所以必须把它转换后再使用。首先需要引入 Dart 的一个包,代码如下:

```
import 'dart:convert';                              //引入 convert
```

然后将 body 中的数据转换成 Map 格式,代码如下:

```
// JSON 转换成 Map
Map < String,dynamic > responseData = json.decode(response.body);
```

最后把 responseData 中的 id 赋值给 NewsModel。代码如下:

```
// Chapter12/12 - 03/lib/scoped_models/mix_model.dart
…
NewsModel news = NewsModel(                         // 新建资讯实体对象
id: responseData['id'].toString(),                 // 给资讯 id 赋值
…
```

12.4　从服务器端获取数据

上一节我们通过 http 包中的 post()方法向服务器端添加了资讯数据,本节实现在资讯列表页面 NewsListPage 获取服务器端的列表数据。在 mix_model.dart 文件中可以添加一个 fetchNews()方法,返回值设为空。

```
void fetchNews(){}                                        //获取资讯列表
```

方法中使用 http.get()方法获取资讯列表数据,在 http.get()方法中需要传入获取资讯列表的地址。接口定义如图 12.7 所示。

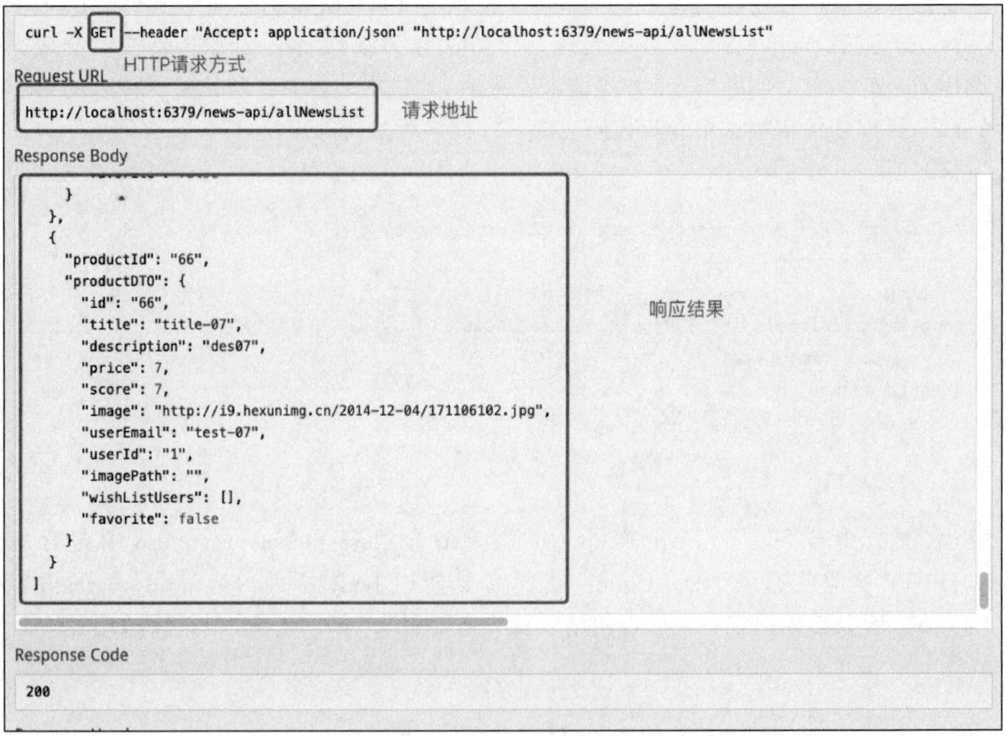

```
curl -X GET --header "Accept: application/json" "http://localhost:6379/news-api/allNewsList"
                HTTP请求方式
Request URL
  http://localhost:6379/news-api/allNewsList        请求地址

Response Body
    }
  },
  {
    "productId": "66",
    "productDTO": {
      "id": "66",
      "title": "title-07",                          响应结果
      "description": "des07",
      "price": 7,
      "score": 7,
      "image": "http://i9.hexunimg.cn/2014-12-04/171106102.jpg",
      "userEmail": "test-07",
      "userId": "1",
      "imagePath": "",
      "wishListUsers": [],
      "favorite": false
    }
  }
]

Response Code
200
```

图 12.7　获取资讯列表接口

get()方法返回列表数据后需要调用 then()方法,在 then()方法中,同样需要传入匿名方法,代码如下:

```
// Chapter12/12-04/lib/scoped_models/mix_model.dart
…
void fetchNews() {                                        // 获取资讯列表
    http
.get('http://localhost:6379/news-api/allNewsList')
```

```
        .then((http.Response response) {});              // 响应结果
    }
...
```

然后把响应结果中的值转码赋值给 NewsModel，代码如下：

```
// Chapter12/12 - 04/lib/scoped_models/mix_model.dart
...
List < dynamic > nesListData = json.decode(response.body);   // 转码
final List < NewsModel > getNewslist = [];                   // 定义变量
nesListData.forEach((dynamic newsDataParam) {                // 变量列表

Map < String, dynamic > newsData
= newsDataParam['productDTO'];                               //获取资讯数据
    NewsModelnewsModel = NewsModel(                          // 创建资讯实体
    id: newsData['id'].toString(),                          // 赋值资讯 id
    title: newsData['title'],                              // 赋值资讯标题
    description: newsData['description'],                   // 赋值资讯描述
score: newsData['score']
== null ? 0.0 : newsData['score'],                          // 赋值资讯分数
userId: newsData['userId'],                                // 赋值用户 id
userName: newsData['userEmail'],                           // 赋值用户名
        image: newsData['imagePath'],                      // 赋值资讯图片
    );
getNewslist.add(newsModel);                                // 添加到列表变量
    });
    _news = getNewslist;                                   // 把列表变量赋值给属性
...
```

资讯列表页面 NewsListPage，需要访问 scope model。在 main. dart 文件中，把 MainScopeModel 定义成一个变量，代码如下：

```
MainScopeModel model = MainScopeModel();                    //创建 MainScopeModel 对象
```

然后把对象 model 传给 ScopeModel 的参数 model，再把对象 model 传给 NewsListPage 页面。在对象 model 页面中，每次显示页面的时候使用这个 model，需要把 NewsListPage 中的 StatelessWidget 改成 StatefulWidget，然后在_NewsListPageState 类中添加 initState()，在页面第一次加载的时候调用 initState()方法。在这里调用 model 中的 fetchNews()方法。代码如下：

```
// Chapter12/12 - 04/lib/pages/news_list.dart
...
@override
  void initState() {
super.initState();
```

```
widget.model.fetchNews();
  }
…
```

保存并重启后,我们就可以从服务器端获得数据了。这里显示的图片使用的是网络上的图片,所以在 NewsCard 小部件中需要把 asset()方法改成 network()方法,代码如下:

```
Image.network(news.image),                              //访问网络图片
```

这样我们就能加载从服务器端获取的资讯列表了,如图 12.8 所示。

图 12.8 资讯列表页面

12.5 实现加载条

在我们等待数据加载完成时,需要显示一些内容,例如加载条。等数据加载完成之后,隐藏加载条。

在 mix_model.dart 文件中,我们同时管理资讯 news 和用户 user 的属性,在 MixModel 中添加属性_isLoading,代码如下所示:

```
bool_isLoading = false;                                 //是否显示加载条
```

默认值设为 false,当_isLoading 的值是 true 时,表示正在加载。我们需要添加获取

_isLoading 的方法,代码如下:

```
// Chapter12/12-05/lib/scoped_models/mix_model.dart
…
bool get isLoading{                                   // 获取_isLoading
    return _isLoading;                               // 返回_isLoading
  }
…
```

然后在 fetchNews()方法中,设置加载状态,代码如下:

```
// Chapter12/12-05/lib/scoped_models/mix_model.dart
…
void fetchNews() {                                    // 从服务器端获取数据的方法
    _isLoading = true;                               // 加载状态设置为 true
notifyListeners();                                    // 调用页面 builder 中的方法
…
```

最后在响应结束后,把加载状态设置为 false,代码如下:

```
// Chapter12/12-05/lib/scoped_models/mix_model.dart
…
_news = getNewslist;                                  // 把服务器端数据赋值给_news
_isLoading = false;                                   // 加载状态设置为 false
notifyListeners();                                    // 调用页面 builder 中的方法
…
```

在资讯列表页面 NewsListPage 中,我们通过 News 小部件渲染了列表页面,所以在 News 小部件外加上 ScopedModelDescendant,代码如下:

```
// Chapter12/12-05/lib/pages/news_list.dart
…
body: ScopedModelDescendant < MainScopeModel >(builder:    // builder()方法
    (BuildContext context, Widget child, MainScopeModel model) {

    return model.isLoading ? CircularProgressIndicator() : News();
                                                    // 根据加载状态不同显示不同的内容
    }),
…
```

CircularProgressIndicator 是加载条小部件,这里可以优化一下,让它居中显示加载条,代码如下:

```
Center(child:CircularProgressIndicator())                 //居中显示图形加载条
```

显示效果如图 12.9 所示。

图 12.9　图形加载条

12.6　按钮显示加载条

在编辑资讯页面 EditNewsPage 的提交按钮这里需要使用 scope model，然后判断加载
状态的值，如果_isLoading 为 true，显示图形加载条，否则显示按钮。代码如下：

```
// Chapter12/12 - 06/lib/pages/edit_news.dart
…
Widget _buildSubmitButton(MainScopeModel model) {        // 构建按钮方法
return ScopedModelDescendant < MainScopeModel >(         // 添加 scope model
        builder: (BuildContext context,                  // 构建方法
Widget child, MainScopeModel model) {
      return model.isLoading ?                           // 加载中
Center(child: CircularProgressIndicator())               // 显示图形加载条
:RaisedButton(                                            // 否则显示按钮
        color: Theme.of(context).accentColor,            // 按钮背景色
textColor: Colors.white,                                 // 按钮文字颜色
        child: Text('创建'),                              // 按钮上的文字
onPressed: () {                                           // 按钮单击事件
          _submitForm(model);                            // 提交方法
        },
      );
```

```
        });
    }
    …
```

在编辑资讯页面创建资讯时,发现没有等编辑资讯页面 EditNewsPage 创建完成就直接导航到资讯列表页面了。

我们可以给添加资讯的方法添加返回值,类型是 Future,返回值泛型可以设置为 Null,代码如下:

```
Future < Null > addNews( …                              // 添加资讯的方法
```

设为 Null 表示我们不需要 addNews()方法返回任何数据。只想在 addNews()方法执行完成后做下一步操作,所以这里可以把 http. post()直接返回。这样 addNews()方法就返回了一个 Future,然后在编辑资讯页面中添加方法后面可以调用 then()方法,代码如下:

```
// Chapter12/12 - 06/lib/pages/edit_news. dart
…
model.addNews(title, description, score,                // 添加资讯方法
'assets/news1.jpg').then((_) {                          // 响应后再跳转
Navigator.pushReplacementNamed(context, '/home');
    });
…
```

保存并重启后,显示效果如图 12.10 所示。

图 12.10　所示按钮的加载条

12.7　通过 HTTP 更新数据

　　我的资讯页面 MyNewsPage 也是需要获取数据的，所以要把它改成 StatefulWidget，然后通过_MyNewsPageState 类中的 initState() 方法，获取资讯列表数据。因为要使用 model 获取数据，所以在 main. dart 文件中，把 model 对象传到 MyNewsPage，我们虽然使用了传递参数，但是这种情况并不多。在管理资讯页面 ManageNews 中，接收 model 对象，然后把 model 对象传递到 MyNewsPage 页面中。

　　在_MyNewsPageState 中覆盖 initState() 方法，在 initState() 方法中调用 model 中的 fetchNews() 方法获取资讯列表数据。代码如下：

```
// Chapter12/12 - 07/lib/pages/my_news.dart
…
@override
  void initState() {                                // 我的资讯初始化方法
super. initState();                                   // 父类初始化方法
widget. model. fetchNews();                           // 调用获取资讯的方法
  }
…
```

　　我们使用 StatefulWidget 是因为需要调用 scope model 中的方法，而 StatelessWidget 只有构造器方法和 build() 方法，没有地方加载数据。在 StatefulWidget 中的 initState() 方法中可以调用获取数据的方法来加载资讯列表，执行完 initState() 方法后才会执行 build() 方法，所以需要在 initState() 方法中初始化数据，然后调用 build() 方法构建小部件。这样每次加载页面时，都会通过 initState() 方法重新加载数据，以此保证获取的数据都是最新的。

　　MixModel 中的 updateNews() 方法需要修改一下，代码如下：

```
// Chapter12/12 - 07/lib/scoped_models/mix_model.dart
…
  void updateNews(                                 // 更新资讯方法
    String title,
    String description,
    double score,
    String image,
  ) {
NewsModel news = NewsModel(                         // 更新的实体对象
id:selectedNews. id,                                 // 选择的资讯 id
        title: title,
…
```

　　服务器端更新资讯的接口，如图 12.11 所示。

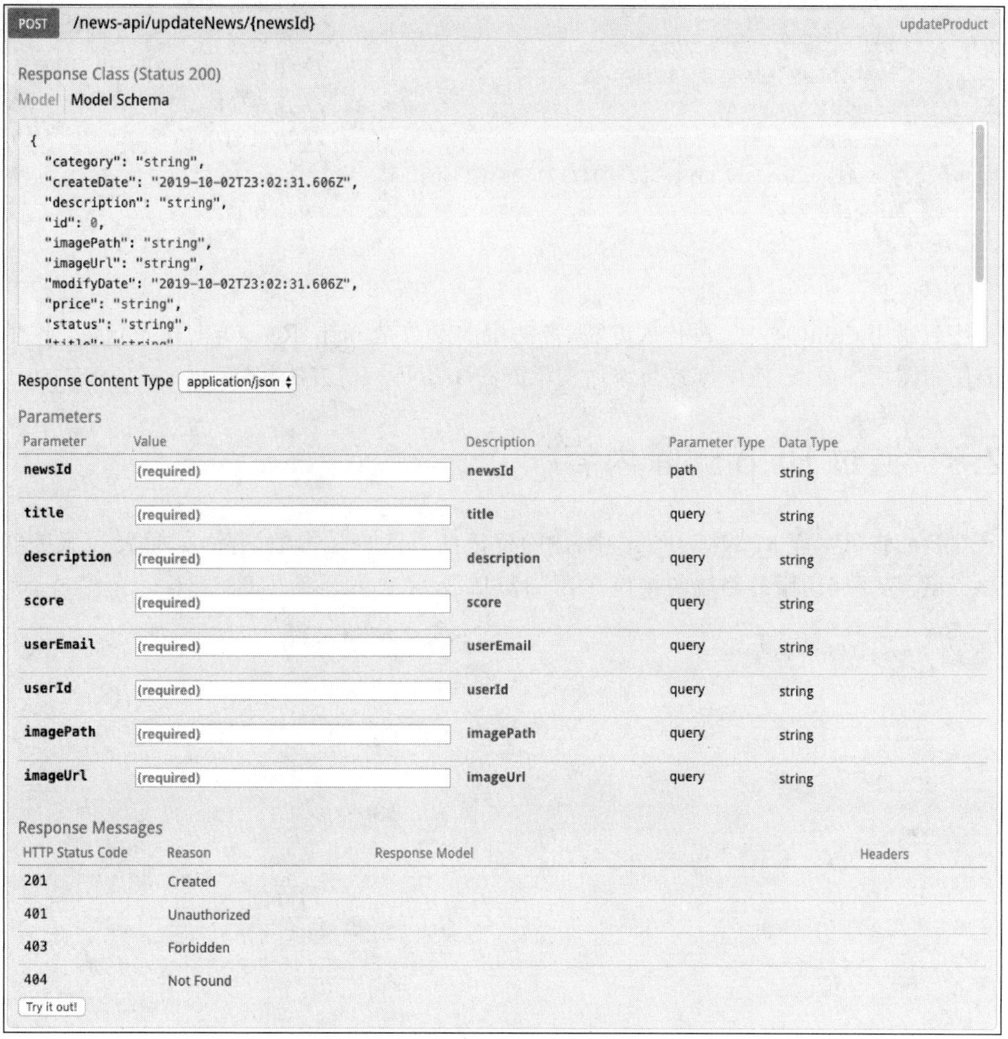

图 12.11　更新资讯接口

接口的 URL 中需要添加选中的 id，可以使用 ${selectedNews.id}。代码如下：

```
http.post('http://localhost:6379/news – api/updateNews/ $ {selectedNews.id}');
                                                    // 发送更新请求
```

更新的数据需要赋值给参数 body，代码如下：

```
// Chapter12/12 – 07/lib/scoped_models/mix_model.dart
…
Map< String, dynamic > updateData = {              // 更新的资讯数据
    'newsId':selectedNews. id,                      // 资讯 id
    'title': title,                                 // 资讯标题
```

```
        'description': description,                    // 资讯描述
        'score': score.toString(),                     // 资讯分数
        'userEmail': _user.userName,                   // 用户名
        'userId': _user.id,                            // 用户 id
        'imageUrl':                                    // 资讯图片
'http://i9.hexunimg.cn/2014 - 12 - 04/171106102.jpg',
        'imagePath': ''                                // 图片路径
    };
…
```

然后调用 then()方法,再传入方法,方法中的参数是 http. Response response。这里也需要使用图形加载条,使用方式与添加资讯方法 addNews()方法相同。

12.8　通过 Http 删除内容

在我的资讯页面 MyNewsPage 中,删除资讯的方法只是本地删除,如果要在服务器端删除资讯,需要调用服务器端的接口,如图 12.12 所示。

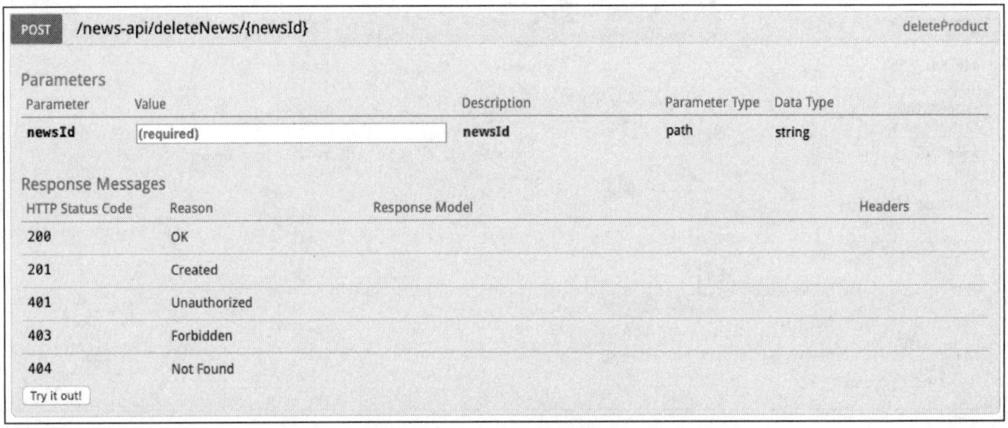

POST /news-api/deleteNews/{newsId}					deleteProduct
Parameters					
Parameter	Value		Description	Parameter Type	Data Type
newsId	(required)		newsId	path	string
Response Messages					
HTTP Status Code	Reason		Response Model		Headers
200	OK				
201	Created				
401	Unauthorized				
403	Forbidden				
404	Not Found				
Try it out!					

图 12.12　删除资讯接口

在 mix_model. dart 文件中,修改删除资讯 deleteNews()方法,代码如下:

```
http. post('http://localhost:6379/news - api/deleteNews/$ {selectedNews. id}');   //删除资讯
方法
```

当我们删除某条资讯后,需要重新加载列表,所以在 deleteNews()方法返回后调用then()方法,在 then()方法中重新获取资讯列表,代码如下:

```
// Chapter12/12 - 08/lib/scoped_models/mix_model. dart
…
void deleteNews() {                                        // 删除资讯方法
```

```
http
    .post('http://localhost:6379/news-api/deleteNews/${selectedNews.id}')
                                                              // 调用接口删除
.then((http.Response response) {
fetchNews();                                    // 删除后更新列表
    });
    _selectedIndex = null;                      // 重置选中索引
  }
…
```

这样我们就通过服务器端完成了删除资讯的操作。

12.9　下拉页面刷新

现在 App 的功能已经很全面了，但还有一些地方需要优化。在资讯列表页面 NewsListPage 中，我们想实现下拉页面获取最新数据的功能。例如如果有些用户通过 App 添加了资讯 news，我们通过下拉刷新这个页面获取最新数据。在 Flutter 中，这个功能很容易实现。在 NewsListPage 页面中，用小部件 RefreshIndicator 包装资讯列表的内容。代码如下：

```
// Chapter12/12-09/lib/pages/news_list.dart
…
return model.isLoading                          // 加载状态
    ? Center(child: CircularProgressIndicator())  // 加载条
    : RefreshIndicator(child: News(),onRefresh: (){  // 下拉刷新
    return model.fetchNews();                   // 获取资讯
    },);
…
```

RefreshIndicator 需要传入其他参数 onRefresh，表示当用户下拉时会自动加载一个加载条，RefreshIndicator 需要返回一个 Future 类型的数据，因为 RefreshIndicator 需要知道什么时候数据加载完成，加载完成后把加载条隐藏，所以在 mix_model.dart 文件中给获取资讯 fetchNews()方法加上 Future<Null>返回类型，代码如下：

```
…
Future<Null> fetchNews() {                      // 获取资讯列表
    …
```

Null 表示返回资讯列表后不做任何处理，只是告诉 RefreshIndicator 什么时候完成，这样就实现了下拉页面刷新的功能，如图 12.13 所示。

图 12.13　下拉刷新页面

12.10　占位图片

在应用中显示网络图片需要一段时间,有可能图片文件过大需要一段时间下载。目前这种显示方式不太好。我们可以添加一个占位图片,等网络图片加载完成后替换这个占位图片。在资讯列表页面中,我们使用 NewsCard 小部件显示图片。在 news_card.dart 文件中,把图片小部件用 FadeInImage 小部件包装一下,代码如下:

```
// Chapter12/12 - 10/lib/widgets/news/news_card.dart
…
FadeInImage(                                    // 渐进效果占位图片
    image: NetworkImage(news.image),            // 实际加载的图片
),
…
```

FadeInImage 首先加载一个占位图片,当下载好需要显示的图片后,会把这个占位的图片逐渐替换掉。参数 image 表示需要下载的图片。参数 image 需要传入 ImageProvider 类型的数据,所以我们的 NetworkImage 还需要设置一个占位图片,参数是 placeholder。我们可以通过 AsseImage 创建一个本地图片。代码如下所示:

```
placeholder:AssetImage('assets/news1.jpg'),                    //占位图片
```

placeholder 表示无论图片是否加载成功都可以显示这个占位图片。我们还需要配置图片的加载形式,因为被加载图片的宽高可能与占位图片的宽高不同,所以这里需要指定占位图片的大小和被加载图片的大小,让它们保持一致。为了使图片显示出来后不变形,不要同时设置宽高,这里设置 height:300。

FadeInImage 中还有一个参数 fit,fit 告诉 Flutter 如何在两个维度上拟合图像,而不是它的原生维度,这里可以设置为 BoxFit. cover,这样图片就不会扭曲了。我们还可以添加动画效果等参数,可以根据需要去设置。

12.11　优化 Scoped Model

在 main. dart 文件中,我们是通过资讯的索引传递数据的,代码如下:

```
// Chapter12/12 - 11/lib/main.dart
…
if (paths[1] == 'news') {                              // 解析路径
    final int index = int.parse(paths[2]);            // 获取索引
    return MaterialPageRoute < bool >(builder: (context) {
    return NewsDetailPage(index:index);               // 资讯详情页
    });
    }
…
```

这里我们需要使用资讯的 id 进行加载,因为资讯列表_news 中的索引顺序可能会发生变化,所以这里使用索引有问题。保证资讯 news 唯一性的属性是从服务器中获取的资讯 id,我们用资讯 id 替换资讯索引。

在 main. dart 文件中,使用资讯 id 的方式跳转到 NewsDetailPage 页面。代码如下:

```
// Chapter12/12 - 11/lib/main.dart
…
if (paths[1] == 'news') {                              // 解析路径
    final String newsId = paths[2];                   // 资讯 id
    model. selectNews(newsId);                        // 选择资讯
    return MaterialPageRoute < bool >(builder: (context) {
    return NewsDetailPage();                          // 资讯详情页
    });
    }
…
```

在资讯详情页中,不需要使用参数方式获取数据,可以使用 scope model 中的功能加载已经选中的资讯 news。在跳转到资讯详情页面前,我们通过 model. selectNews()方法传入 newsId 指定当前已经选中的资讯 news。

在 mix_model.dart 文件中，首先把选中的资讯索引_selectedIndex 替换成_selectedNewsId。
代码如下：

```
String _selectedNewsId;                              // 选中的资讯 id
```

selectNews()方法的参数还是 int 类型，需要改成 String 类型，代码如下：

```
// Chapter12/12 - 11/lib/scoped_models/mix_model.dart
…
  void selectNews(String newsId) {                   // 选中资讯方法
    _selectedNewsId = newsId;                         // 设置选中资讯 id
  }
…
```

把获取资讯索引的方法 selectedIndex 改成 selectedNewsId，代码如下：

```
// Chapter12/12 - 11/lib/scoped_models/mix_model.dart
…
String get selectedNewsId {                          // 获取选中的资讯 id
    return _selectedNewsId;                           // 返回选中的资讯 id
  }
…
```

获取选择的资讯实体方法 selectedNews，也需要通过资讯 id 返回实体，代码如下：

```
// Chapter12/12 - 11/lib/scoped_models/mix_model.dart
…
NewsModel get selectedNews {                          // 获取选中资讯实体
    if (_selectedNewsId == null) {                    // 判断是否选中资讯
      return null;                                    // 没有选中返回 null
    }
    return _news.firstWhere((NewsModel news){         // 返回选中资讯实体
      return news.id == _selectedNewsId;              // 通过资讯 id 判断
    });
  }
…
```

我们通过列表中的 firstWhere()方法，选择第一个满足条件的资讯 news 并返回，条件
是资讯列表中的 id 和选中资讯的 id 相同。firstWhere()方法会遍历列表中的所有记录，直
到第一次返回 true 为止。第一次返回 true 的这条记录就会被返回，这样就根据选中的资讯
id_selectedNewsId 获得了对应的资讯 news。

在我们更新资讯 news 的时候，需要通过数组中的 index，找到需要替换的资讯 news，我
们可以通过资讯的 id 获得这条资讯在数组中的索引。代码如下：

```
// Chapter12/12 - 11/lib/scoped_models/mix_model.dart
…
final int selectedIndex =                             // 选中的资讯索引
_news.indexWhere(((NewsModel news) {                 // 查找资讯索引
```

```
      return news.id == _selectedNewsId;              // 返回满足条件索引
    }));
  _news[selectedIndex] = updateNews;                  // 更新索引对应记录
  _selectedNewsId = null;                             // 重置选中资讯 id
…
```

然后把 mix_model.dart 文件和其他页面中所使用的 _selectedIndex 都替换成 _selectedNewsId。在 main.dart 中的详情页导航这里,我们设置好选中的资讯 news 后,需要在导航成功后把选中的资讯 news 重置。可以在 mix_model.dart 中新建一个重置选中资讯的方法,代码如下:

```
// Chapter12/12-11/lib/scoped_models/mix_model.dart
…
  void resetSelectedNews(){                           // 重置选中记录方法
    _selectedNewsId = null;                           // 重置选中资讯 id
  }
…
```

然后在资讯详情页 NewsDetailPage 的 ScopedModelDescendant 中,在单击返回按钮时调用 resetSelectedNews()方法。

这样我们就通过使用资讯 id 的方式来获取数据和更新数据了。

12.12 处理 HTTP 响应错误

我们还需要解决几个可能存在的问题,在获取数据和发送数据的时候,请求可能会失败,例如没有网络、服务器宕机、发送了错误格式的数据等,这些错误需要我们人为处理。

在 mix_model.dart 文件中,如果添加资讯的方法 addNews 发送了错误的数据,服务器将返回错误的信息,我们可以根据状态码进行过滤。首先设置新增资讯的返回值为 Future <bool>,如果状态码返回的是 200 或 201 表示成功,我们继续执行下面代码,并返回 true。代码如下:

```
// Chapter12/12-12/lib/scoped_models/mix_model.dart
…
return http
        .post('http://localhost:6379/news-api/addNews', body: newsData) // 发送 POST 请求
        .then((http.Response response) {              // 响应结果
      if (response.statusCode == 200 || response.statusCode == 201) {
                                                      // 如果响应状态码返回 200 或 201
        _isLoading = false;                           // 隐藏加载条
notifyListeners();                                    // 刷新页面 scope model
        return true;
      }
  …
```

但如果返回的状态码不是 200 和 201，那么返回 false，代码如下：

```
// Chapter12/12 - 12/lib/scoped_models/mix_model.dart
…
if(response.statusCode != 200 &&response.statusCode != 201){
        _isLoading = false;                            // 隐藏加载条
notifyListeners();                                     // 更新页面 scope model
        return false;                                  // 返回 false
    }
…
```

在编辑资讯页面 EditNewsPage 中，调用 addNews()方法返回后，调用 then()方法，参数是 bool 类型，代码如下：

```
// Chapter12/12 - 12/lib/scoped_models/mix_model.dart
…
model
.addNews(title, description, score, 'assets/news1.jpg')
        .then((bool isSuccess) {                       // 调用添加资讯方法
      if (isSuccess) {                                 // 调用成功
Navigator.pushReplacementNamed(context, '/home');
      } else {                                         // 调用异常
showDialog(context: context,builder: (BuildContext context) {
          return AlertDialog(                          // 弹出对话框
            title: Text('提示'),                        // 对话框标题
            content: Text('服务端出错'),                 // 对话框内容
            actions: < Widget >[
RaisedButton(child: Text('确认'),onPressed: (){
Navigator.of(context).pop();                           // 对话框单击事件
            },)
          ],
        );
      });
    }
  });
…
```

这样我们就处理了 HTTP 请求过程中可能出现的异常情况。在 mix_model.dart 文件中添加资讯 addNews()后调用 then()方法的后面可以调用 catchError 方法，代码如下：

```
…
.catchError((error){})                                 // 处理其他异常
…
```

12.13 使用 async 和 await

上节我们通过 then()方法获取返回的结果,这是一种链条方式。Dart 语言还提供了其他的实现方式。我们可以在异步的方法中添加 async 关键字,把 async 添加到方法体和参数之间。代码如下:

```
// Chapter12/12 - 13/lib/scoped_models/mix_model.dart
…
Future < bool > addNews(String title,Stringdescription,doublescore,String image,) async { … }
// 添加资讯异步方法
…
```

async 关键字表明这个方法中有异步调用。在这个异步方法中,可以使用另外一个关键字来替换 then,把 return 替换成 await,这样就好像在这里添加了同步方法一样,会等到 await 执行完成后再继续执行下面的代码。await 会返回 then 中的返回值,所以这里不需要使用 then()方法,把 then()方法删除。代码如下:

```
// Chapter12/12 - 13/lib/scoped_models/mix_model.dart
…
_isLoading = true;                              // 加载条状态
notifyListeners();                              // 刷新页面 scope model
    final http.Responseresponse = await http    // 返回响应结果
.post('http://localhost:6379/news - api/addNews', body: newsData);
…
```

这样就把响应的值保存到 response 变量中了。post()方法判断状态码的代码会在await 执行结束后才调用。检查响应的状态码后可以返回 true 或 false。使用 async 表示这个方法是 Future 类型,方法中返回的 true 或 false 会被 Future 包装。这样我们就用另外一种方式重构了实现 then()方法功能的代码。

处理异常需要使用 Dart 语言提供的 try catch 语句。try 中包含需要执行的代码,如果执行过程失败,就会调用 catch 捕获任何错误。代码如下:

```
// Chapter12/12 - 13/lib/scoped_models/mix_model.dart
…
try{                                            // 需要执行的代码
…
} catch (error) {                               // 处理异常的代码
    _isLoading = false;                         // 隐藏加载条
notifyListeners();                              // 刷新 scope model
    return false;                               // 返回 false
    }
…
```

以上是 async 和 await 的使用方式,它的功能和使用 then()方法是等效的。

12.14　总结

本章我们使用了 http 包,然后发送各种请求到服务器端,我们也可以在小部件内部发送请求。本章使用的是 scope model 集中管理数据。http 包发送的请求是异步的,这意味着请求方法不会被立即执行完,调用异步方法的下一行代码会立即执行,因为异步方法不会阻塞代码继续向下执行。http 包发送请求的响应结果不会立即返回,http 包发送请求返回值都是 Future 类型,可以使用 then 获取响应结果,使用 catchError 处理异常数据,或者使用 async 和 await 的方式获取数据,使用 try catch 捕获异常。响应的数据一般是 JSON 格式,我们可以使用 Dart 语言中的 convert 把 JSON 格式转化成 Map 类型的数据。在使用 scope model 的时候,不要忘了调用 notifyListeners()方法。

第 13 章

权限认证

上一章我们学习了使用 HTTP 向服务器端发送数据并与后端交互，绝大多数应用需要与后端交互。用户权限是经常使用的，例如用户登录和注册。本章我们学习创建用户及管理用户的权限数据，还会学习如何实现资讯的收藏功能。

13.1　Flutter 中如何使用权限

Flutter 中的权限认证采用如图 13.1 所示的模式。

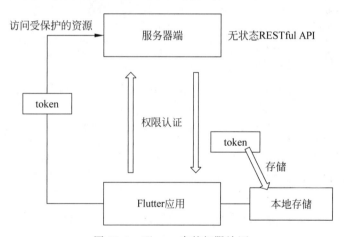

图 13.1　Flutter 中的权限认证

在服务器端存储用户数据可以使用图中服务器端提供的接口实现用户的权限认证，用户的用户名和密码可以通过服务器端的接口认证有效性。当用户发起权限认证请求时，用户的用户名和密码就会发送到服务器端，然后服务器端返回一个响应，如果用户名存在并且密码正确将会被授权。有相关 Web 开发经验的读者，可能会了解 Session 的概念。Session 表示在服务器上保存了一个用户的信息，登录成功后服务器端把 Session 的密钥再发送给客户端。Flutter 应用的权限认证使用的是 token 方式。因为服务器端提供的是无状态的 API，表示服务器端对 Flutter 的应用是无感知的，服务器端只是提供接口，而用户可以发送认证数据给服务器端,如果通过认证,服务器端就会返回响应的结果。服务器端不会给客户端发送任何 Session 信息。

token 是一个很长的字符串,它是使用算法生成的。如果一些额外的数据加到了 token 中,token 只能通过服务器端进行认证。可以把 token 保存在移动设备上,当用户关闭 App,然后再打开 App 时,获取到 token 即表明这个用户已被认证。

可以使用 token 来控制 App 中的访问权限,例如可以访问哪些页面,不可以获取哪些资源。我们需要附加 token 来访问服务器端受保护的资源,因为不是所有人都能获取数据和写数据。服务器通过算法创建了 token,token 也会被服务器端认证。

13.2   确认密码文本框

本节学习给应用添加认证,在 auth.dart 文件中,有两个 TextField 文本框,分别是用户名和密码。要实现用户注册,还需要一个确认密码的 TextField 文本框。代码如下:

```
// Chapter13/13-02/lib/pages/auth.dart
…
TextFieldbuildConfirmTextField() {          // 确认密码文本框
    return TextField(                       // 文本框
obscureText: true,                          // 隐藏显示
    decoration: InputDecoration(            // 修饰文本框
labelText: '确认',                           // 文本标签
filled: true, fillColor: Colors.white),     // 背景填充
    );
  }
…
```

因为文本框只是与之前的密码比对,所以我们需要能够访问密码文本框输入的内容。TextField 中参数 controller 管理用户的输入,如果不设置 controller 参数,默认会自动创建。我们也可以自定义一个 Controller,Controller 可以设为全局变量,或者设为类中的一个属性。

这里将 Controller 设置为 final 的属性,类型是 TextEditingController,代码如下:

```
final TextEditingController _passwordController
 = TextEditingController();                 //创建密码文本框的 Controller
```

在密码的 TextField 中,配置参数 controller,controller 的值是 _passwordController。这样密码文本框使用自定义的 Controller。_passwordController 保存着密码文本框中的文本,每当密码 TextField 中的文本更新时,_passwordController 中的值也会更新。

首先把登录页面中的 TextField 都改成 TextFormField,然后在 buildConfirmTextField()方法中添加配置参数 validator,代码如下:

```
// Chapter13/13-02/lib/pages/auth.dart
```

```
…
validator: (String value){                            // 验证确认密码是否正确
    if(_passwordController.text != value){            // 两次密码不一致
        return '两次密码输入不一致';                    // 错误提示信息
    }
        return null;                                  // 验证通过
    },
…
```

显示效果如图 13.2 所示。

图 13.2   确认密码

现在我们添加一个开关切换页面显示模式,首先定义一个枚举,枚举是 Dart 语言中的一个特性。枚举是一种数据类型,可以使用枚举中有限的值。代码如下:

```
enumAuthMode{
Singup,Login
}
```

接下来就可以使用枚举添加一个属性了,代码如下:

```
AuthMode _authMode = AuthMode.Login                   //设置枚举中的值 Login
```

在登录按钮上面添加一个 FlatButton 按钮,代码如下:

```
// Chapter13/13-02/lib/pages/auth.dart
```

```
…
FlatButton(                                              // 页面切换模式按钮
child: Text(                                             // 显示的文本
 '切换到 ${_authMode == AuthMode.Login ? '注册' : '登录'}'),
onPressed: () {                                          // 按钮单击事件
    setState(() {                                        // 刷新页面
    _authMode == AuthMode.Login                          // 切换页面模式
    ? _authMode = AuthMode.Singup
    : _authMode = AuthMode.Login;
    });
    },
),
…
```

现在需要根据页面的模式控制确认密码的显示,代码如下:

```
// Chapter13/13 - 02/lib/pages/auth.dart
_authMode == AuthMode.Login ?
Container():buildConfirmTextField(),                     // 根据页面模式显示确认密码
```

13.3 用户注册

用户注册的 UI 已经实现了,下一步需要通过服务器端提供的注册用户接口创建一个新用户,接口说明如图 13.3 所示。

在 mix_model.dart 文件中,我们在 UserScopeModel 类中添加一个方法,返回值为 Future 类型,代码如下:

```
// Chapter13/13 - 03/lib/scoped_models/mix_model.dart
…
Future < Map < String, dynamic >> signup(String userName, String password) {    // 用户注册方法
    Map < String, dynamic > formData                     // 发送的数据
= {'email': userName, 'password': password};
return http                                              // 发送请求
.post('http://localhost:6379/news - api/signup',
body: formData)
        .then((http.Response response) {                 // 请求响应结果
          Map < String, dynamic > result = {'success':true,'message':'注册成功'};
          return result;
        });
    }
…
```

在 auth.dart 文件中,登录按钮已经使用了 scope model,系统可以通过当前的页面模式判断用户是使用登录方法还是注册方法,代码如下:

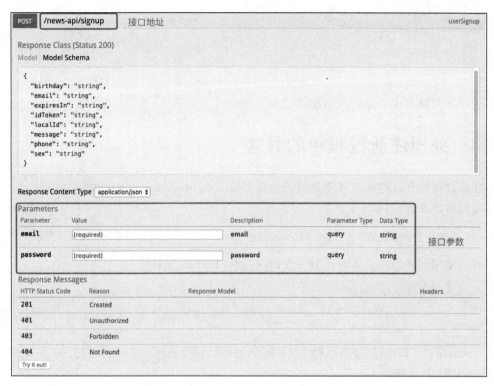

图 13.3 用户注册接口

```
// Chapter13/13-03/lib/pages/auth.dart
…
    _authMode == AuthMode.Login                    // 判断当前页面模式
        ? model.login(_username, _password)        // 登录模式调用登录
        : model.signup(_username, _password);      // 注册模式调用注册
…
```

在注册成功之后才能导航到主页,因为 model.signup()方法返回的是 Future 类型,所以提交表单的方法可以使用异步,在方法体和参数之间加 async。代码如下:

```
// Chapter13/13-03/lib/pages/auth.dart
…
void submit(MainScopeModel model) async{           // 方法中包含异步方法
    if (!_form.currentState.validate()) {          // 表单验证
      return;                                       // 不通过返回
    }
if(_authMode == AuthMode.Login){                   // 登录模式
model.login(_username, _password);                 // 调用登录方法
    }else{                                          // 注册模式
      Map<String,dynamic> response = await model.signup(_username, _password);
                                                    // 调用注册方法
```

```
        if(response['success']){                      // 注册成功
Navigator.pushReplacementNamed(context, '/home');
        }                                             // 跳转到主页
    }
…
```

这样我们就实现了用户注册功能。

13.4　处理注册过程中的异常

注册过程中有可能出现注册失败的情况。首先在 mix_model.dart 中，把注册方法的响应结果打印出来，代码如下：

```
print('服务器端响应结果: ${response.body}');              //打印服务器端响应结果
```

然后使用同样的用户名再注册一次，在控制台打印的结果如下：

```
flutter:服务器端响应结果:
{"localId":null,"email":null,"phone":null,"sex":null,"birthday":null,"idToken":null,"expiresIn":null,"message":"EMAIL_EXISTS"}
```

"message":"EMAIL_EXISTS"表示这个用户已经存在了。首先我们把响应结果转换成 Map 类型，代码如下：

```
//把 JSON 转换成 Map
Map<String, dynamic> responseData = json.decode(response.body);
```

然后就可以根据 responseData 中的值进行判断了，例如 responseData 中的 id 如果不为 null，就表示注册成功。代码如下：

```
// Chapter13/13-04/lib/scoped_models/mix_model.dart
…
Map<String, dynamic> responseData = json.decode(response.body);
        Map<String, dynamic> result;                  // 返回结果
        var message = '注册成功';                       // 返回信息
        if(responseData['id']!= null){                // 注册成功
            result = {'success':true,'message':message};
        }
        if(responseData['message'] == 'EMAIL_EXISTS'){
                                                      // 用户已存在
            result = {'success':false,'message':'用户已存在'};
        }

        return result;                                // 返回结果
    …
```

var 关键字表示不明确设置类型。Dart 会根据所赋的值推断它的类型。在 auth.dart 文

件中,可以判断是否注册成功,如果注册失败需要弹出一个对话框,显示的内容为注册方法
返回的消息,代码如下:

```
// Chapter13/13-04/lib/scoped_models/mix_model.dart
…
if (response['success']) {                              // 注册成功
    Navigator.pushReplacementNamed(context, '/home');   // 跳转主页
        }else{                                          // 注册失败
showDialog(context: context,                            // 对话框
builder: (BuildContextcontext){
        return AlertDialog(                             // 提示信息
            title: Text('提示信息'),                     // 提示标题
            content: Text(response['message']),         // 提示内容
    actions: <Widget>[RaisedButton(child: Text('确认'),  // 提示操作
onPressed: (){                                          // 单击事件
Navigator.of(context).pop();                            // 关闭窗口
            },)],
        );
    });
    }
…
```

保存后,注册一个已存在的用户,会弹出一个对话框,如图 13.4 所示。

图 13.4　用户已存在的提示对话框

13.5　用户注册加载条

我们实现了注册功能，在 auth.dart 文件中，当用户单击"注册"按钮后，需要添加一个加载条。在登录页面中的 RaisedButton 前判断_isLoading 属性的值，如果是 ture 显示加载条，否则显示按钮。代码如下：

```
// Chapter13/13 - 05/lib/pages/auth.dart
model.isLoading?CircularProgressIndicator():RaisedButton( …
                                        // 根据加载状态显示内容
```

最后在 mix_model.dart 文件的注册方法中，加上_isLoading 的逻辑，代码如下：

```
// Chapter13/13 - 05/lib/scoped_models/mix_model.dart
…
  Future < Map < String, dynamic > > signup(String userName, String password) { // 用户注册方法
    Map < String, dynamic > formData = {'email': userName, 'password': password};
                                          // 发送到服务器端的数据

    _isLoading = true;                    // 加载状态设为 true
notifyListeners();                        // 刷新页面
    return http.post('http://localhost:6379/news - api/signup', body: formData)
                                          // 向服务器端发送请求
       .then((http.Response response) {   // 请求响应结果
        // print('服务端响应结果: $ {response.body}');
        Map < String, dynamic > responseData = json.decode(response.body);
                                          // 转换响应结果
        Map < String, dynamic > result;   // 定义返回结果
        var message = '注册成功';           // 返回的消息
        if(responseData['id']!= null){    // 注册成功
          result =
    {'success':true,'message':message};   // 成功消息
        }
        if(responseData['message']        // 用户已经存在
          == 'EMAIL_EXISTS'){
          result = {'success':false,      // 用户已经存在的信息
            'message':'用户已存在'};
        }
        _isLoading = false;               // 加载状态设为 false
    notifyListeners();                    // 刷新页面
        return result;                    // 返回结果
      });
  }
…
```

保存并重新注册后，发现加载条显示出来了，如图 13.5 所示。

图 13.5　注册用户的加载条

13.6　用户登录

已注册的用户可以使用登录的功能了，在 mix_model.dart 文件中，登录方法 login 使用硬编码方式实现登录功能。首先我们看一下服务器端提供的登录接口是怎样定义的，如图 13.6 所示。

登录方法 login 需要发送一个 POST 请求，代码如下：

```
// Chapter13/13-06/lib/scoped_models/mix_model.dart
…
Future<Map<String, dynamic>> login(String userName,      // 登录方法
String password) async {                                 // 异步方法
    Map<String, dynamic> formData
= {'email': userName, 'password': password};             // 请求数据
    _isLoading = true;                                   // 加载条
notifyListeners();                                       // 刷新页面
http.Response response                                   // 发送请求
= await http
.post('http://localhost:6379/news-api/login,
body: formData);
    Map<String, dynamic> responseData                    // 响应结果
```

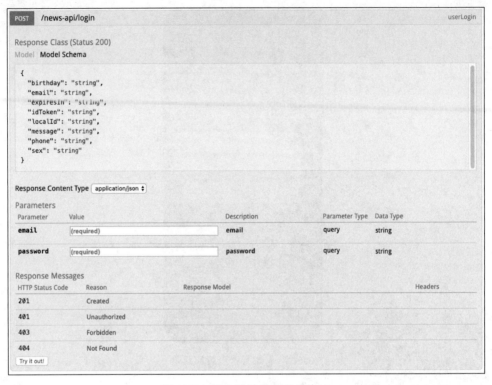

图 13.6　服务器端用户登录接口

```
    = json.decode(response.body);
    Map < String, dynamic > result;                    // 返回内容
    var message = '登录成功';                           // 提示消息
    if (responseData['localId'] != null) {             // 登录成功
      result = {'success': true, 'message': message};
    }
if (responseData['message'] == 'EMAIL_NOT_FOUND') {    // 用户不存在
    result = {'success': false, 'message': '不存在这个用户'};
    }
if (responseData['message'] == 'INVALID_PASSWORD') {   // 密码不正确
    result = {'success': false, 'message': '密码不正确'};
    }
    _isLoading = false;                                // 隐藏加载条
notifyListeners();                                     // 刷新页面
    return result;                                     // 返回结果
  }
…
```

在 auth.dart 文件中,调用登录的方法后,需要处理获取的返回信息。代码如下:

// Chapter13/13 – 06/lib/pages/auth.dart

```
...
  void submit(MainScopeModel model) async {              // 提交按钮方法
    if (!_form.currentState.validate()) {                // 验证表单
      return;                                            // 不通过返回
    }
    _form.currentState.save();                           // 保存表单
    Map < String, dynamic > response;                    // 请求响应结果
    if (_authMode == AuthMode.Login) {                   // 登录模式
      response = await model.login(_username, _password);
                                                         // 调用登录方法
    } else {                                             // 注册模式
      response = await model.signup(_username, _password);
                                                         // 调用注册方法
    }
    if (response['success']) {                           // 操作成功
Navigator.pushReplacementNamed(context, '/home');
                                                         // 跳转到主页
    } else {                                             // 操作失败
showDialog(                                               // 弹出对话框
        context: context,                                // 上下文
        builder: (BuildContext context) {                // 构建方法
          return AlertDialog(                            // 提示框
            title: Text('提示信息'),                       // 提示框标题
            content: Text(response['message']),          // 提示框内容
            actions: < Widget >[                         // 提示框操作
RaisedButton(                                             // 有背景色按钮
              child: Text('确认'),                        // 按钮上的文字
onPressed: () {                                           // 按钮单击事件
Navigator.of(context).pop();                             // 关闭对话框
              },
            )
          ],
        );
      });
    }
  }
...
```

这样我们就实现了用户登录的功能。

13.7　访问受保护资源

现在可以注册用户并且能够登录了，但是我们没有使用 token。服务器端可以将一些资源限制访问，我们可以改变服务器端接口的访问规则，只允许认证的用户访问资源，用户登录成功后，服务器端会返回 token，如图 13.7 所示。

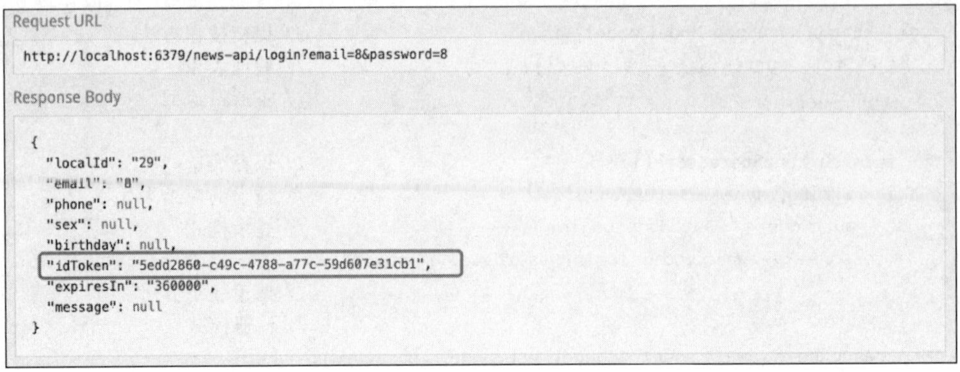

```
Request URL

  http://localhost:6379/news-api/login?email=8&password=8

Response Body

  {
    "localId": "29",
    "email": "8",
    "phone": null,
    "sex": null,
    "birthday": null,
    "idToken": "5edd2860-c49c-4788-a77c-59d607e31cb1",
    "expiresIn": "360000",
    "message": null
  }
```

图 13.7   服务器端返回的 token

这样我们就可以登录并获取 token 了,同时我们需要把 token 附加在请求中,告诉服务器端我们是通过认证的用户。首先需要把 token 保存到应用的内存或者移动设备中,当通过验证后再保存 token 信息。我们不仅需要把这个 token 以某种方式保存下来,还需要创建一个认证的用户,在 news_model.dart 中,需要给 UserModel 类添加属性 token,代码如下所示:

```
final String token;                                    //保存用户的 token
```

在 mix_model.dart 文件的登录方法中,如果登录成功,则创建一个新的用户对象,代码如下:

```
// Chapter13/13 - 07/lib/scoped_models/mix_model.dart
…
_user = UserModel(                                    // 创建登录用户对象
        id: responseData['localId'],                 // 用户 id
userName: userName,                                    // 用户的用户名
        password: password,                          // 用户的密码
        token: responseData['idToken']);            // 用户的 token
…
```

注册成功后,也需要以同样的方式创建用户对象,下一步要在请求受保护的资源中添加 token。例如在获取资讯列表中,添加 token。代码如下:

```
// Chapter13/13 - 07/lib/scoped_models/mix_model.dart
…
http.get('http://localhost:6379/news - api/allNewsList?token = ${_user.token}')
                                                      // 在请求资讯列表中添加 token
.then((http.Response response) {
…
```

保存并重启应用后,如果用户登录成功就会获取资讯列表数据,如图 13.8 所示。

图 13.8 登录成功的资讯列表页面

13.8 存储 token

我们已经从服务器获取了 token,但每当重启应用后,或者在设备上关闭 App,然后重新打开 App 时,都会显示登录页面,通常如果登录成功,用户的成功登录状态会被保存一段时间,这意味着需要把 token 保存在设备上。当启动 App 后,首先验证设备上是否存在一个合法的 token,如果存在合法的 token,App 能够自动登录并导航到资讯列表页面。

首先,保存用户的 token,需要引入一个第三方包 shared_preferences,如图 13.9 所示。

shared_preferences 可以访问本地的存储,iOS 和 Android 都可以使用此包,shared_preferences 根据运行的平台选择正确的存储。shared_preferences 允许保存简单的数据,例如简单的键值对。我们这里需要保存的用户 token 就可以使用 shared_preferences 实现。

首先安装 shared_preferences,在 pubspec. yaml 中添加依赖,代码如下:

```
shared_preferences: ^0.5.3 + 4                    // 安装 shared_preferences
```

保存 pubspec. yaml 后,IDE 会自动下载 shared_preferences。安装好后就可以使用它了,使用方式非常简单。mix_model. dart 文件中保存着整个应用的数据。首先需要引入包 shared_preferences,代码如下:

图 13.9　第三方包 shared_preferences

```
import 'package:shared_preferences/shared_preferences.dart';
                                            // 引入 shared_preferences
```

在用户登录成功后,我们创建了这个用户,并给 MixModel 中的_user 赋值了这个登录用户对象。保存登录用户后,需要保存 token,我们使用 SharedPreferences. getInstance()获得一个实例对象,getInstance()方法是异步方法,因为登录方法使用了 async,所以可以用 await 关键字获取返回的结果。代码如下:

```
// Chapter13/13 - 08/lib/scoped_models/mix_model.dart
SharedPreferencessharedPreferences            // 创建 shared_preferences
 = await SharedPreferences.getInstance();
```

sharedPreferences 对象允许我们和本地存储交互,可以通过 setString()方法添加值,代码如下:

```
// Chapter13/13 - 08/lib/scoped_models/mix_model.dart
sharedPreferences.setString('token', _user.token);      // 保存 token
```

SharedPreferences 还可以设置为 bool 类型或者整型,我们的 token 是 String 类型,key的名字可以自定义,这里命名为 token,value 是登录用户的 token,这样我们就把 token 保存到移动设备上了,而不是存放在内存中。

在 main. dart 文件中,我们需要调用某个方法时先检查是否存在一个合法的 token。可以在_MyappState 类的 initState()方法中添加验证,因为当 App 启动时,首先执行的就是initState()方法,而且 initState()方法只执行一次,所以在 initState()方法里验证 token。

在 mix_model. dart 中添加一个方法 autoAuthenticate(),返回值为空,代码如下:

```
// Chapter13/13 - 08/lib/scoped_models/mix_model.dart
…
void autoAuthenticate()async{ }                              // 自动验证方法
…
```

方法中需要使用 SharedPreferences，所以需要加上 async 关键字。因为我们需要调用 SharedPreferences.getInstance()方法获得对象，这个过程是异步的，所以 autoAuthenticate()方法使用了 async 关键字。这样我们就可以验证设备中是否已保存了 token，代码如下：

```
// Chapter13/13 - 08/lib/scoped_models/mix_model.dart
…
SharedPreferencessharedPreferences
 = await SharedPreferences.getInstance();             // 获取 SharedPreferences 对象
    String token
 = sharedPreferences.getString('token');             // 获取存储在设备中的 token
if(token != null){                                   // 如果 token 不为空

    }
…
```

如果 token 不为空，需要创建一个认证的用户，这样我们还需要获取用户名和用户 id 的值，所以在用户登录成功后需要存储更多的值，下一节我们实现这个功能。

13.9 自动登录

我们存储了用户的 token，还需存储用户名和用户 id，这样就能通过存储的数据创建一个用户了。首先在登录或注册成功时存储用户名和用户 id，代码如下：

```
// Chapter13/13 - 09/lib/scoped_models/mix_model.dart
…
sharedPreferences.setString('userName', _user.userName);    //用户名
sharedPreferences.setString('userId', _user.id);            //用户 id
…
```

然后在 mix_model.dart 的 autoAuthenticate()方法中，获取用户名、用户 id 创建用户。代码如下：

```
// Chapter13/13 - 09/lib/scoped_models/mix_model.dart
…
String token
 = sharedPreferences.getString('token');             // 用户的 token
String id
 = sharedPreferences.getString('userId');            // 用户的 id
String userName
 = sharedPreferences.getString('userName');          // 用户名
if(token != null){                                   // token 不为空
```

```
_user
  = UserModel(id: id,
userName: userName,token: token);                    // 创建认证的用户
notifyListeners();                                    // 刷新页面
}
…
```

在 main. dart 文件的 initState( )方法中，调用自动认证方法，代码如下：

```
_model.autoAuthenticate();                            //调用自动认证方法
```

最后把 MaterialApp 用 ScopedModelDescendant 包装，在 ScopedModelDescendant 的 builder( )方法中判断 MixModel 中的 _user 是否为空，如果为空，跳转登录页面，如果不为空，跳转到首页。代码如下：

```
// Chapter13/13 - 09/lib/main. dart
…
ScopedModelDescendant < MainScopeModel >(              // 使用 Scoped Model
builder: (BuildContext context,                        // builder( )方法
Widget child, MainScopeModel model) {
        return MaterialApp(                            // 返回根小部件
            theme: ThemeData(                          // 应用主题
primaryColor: Colors. deepOrange,                      // 主题颜色
accentColor: Colors. deepOrange,                       // 强调颜色
                brightness: Brightness. light,         // 主题模式
            ),
            routes: {                                  // 命名路径
                '/admin': (context) {                  // 资讯管理路径
                    return ManageNews(_model);         // 资讯管理页面
                },
                '/home': (context) {                   // 资讯列表路径
                    return NewsListPage(_model);       // 资讯列表页面
                },
                '/': (context) {                       // 主页
                    return model. user                 // 判断当前用户是否为空
                        == null?AuthPage()             // 为空跳转到登录页面
                        :NewsListPage(_model);         // 不为空跳转到主页
                }
            },
…
```

登录成功后再重启应用，会自动进入资讯列表页面。

13.10　用户退出

在资讯列表页面 NewsListPage 中，我们给抽屉式导航 Drawer 添加一个 ListTile。资讯管理页面 ManageNews 也有一个抽屉式导航，所以我们把退出的 ListTile 作为一个小部

件来封装一下。在目录 ui_element 中新建 logout. dart 文件,首先引入 material 包,然后创建 Logout 类继承 StatelessWidget。代码如下:

```dart
// Chapter13/13 - 10/lib/widgets/ui_element/logout.dart
class Logout extends StatelessWidget {                    // 退出小部件
  @override
  Widget build(BuildContext context) {                    // 覆盖 build()
return ScopedModelDescendant < MainScope Model >(  // 使用 Scoped Model
      builder:                                            // 创建 builder()方法
(BuildContext context, Widget child, MainScopeModel model) {
        return ListTile(                                  // 返回 ListTitle 小部件
          title: Text('退出'),                            // ListTitle 上的标题
onTap: () {                                              // ListTitle 单击事件


        },
      );
    },
  );
  }
}
```

单击事件中需要调用 model 中的方法,但这个方法还没添加,所以在 mix_model. dart 中添加用户退出方法。代码如下:

```dart
// Chapter13/13 - 10/lib/scoped_models/mix_model.dart
…
void logout() async{
SharedPreferencessharedPreferences
= await SharedPreferences.getInstance();              // 获取本地存储
sharedPreferences.clear();                             // 清除本地缓存
    _user = null;                                      // 设置用户为空
  notifyListeners();                                   // 刷新页面
  }
…
```

SharedPreferences 的 clear()方法会清除所有的内容,也可以调用 remove()方法清除指定 key 的内容。在 Logout 小部件的单击事件方法中,需要调用 model 中的 logout()方法,然后在资讯列表页面和管理资讯列表页面中添加 Logout 小部件。

在 Logout 小部件退出后需要导航到主页,代码如下所示:

```dart
// Chapter13/13 - 10/lib/widgets/ui_element/logout.dart
…
model.logout();                                        // 用户退出
Navigator.pushReplacementNamed(context, '/');          // 跳转到主页
…
```

13.11　自动退出

服务器端提供的登录接口中有过期时间的参数,如图 13.10 所示。

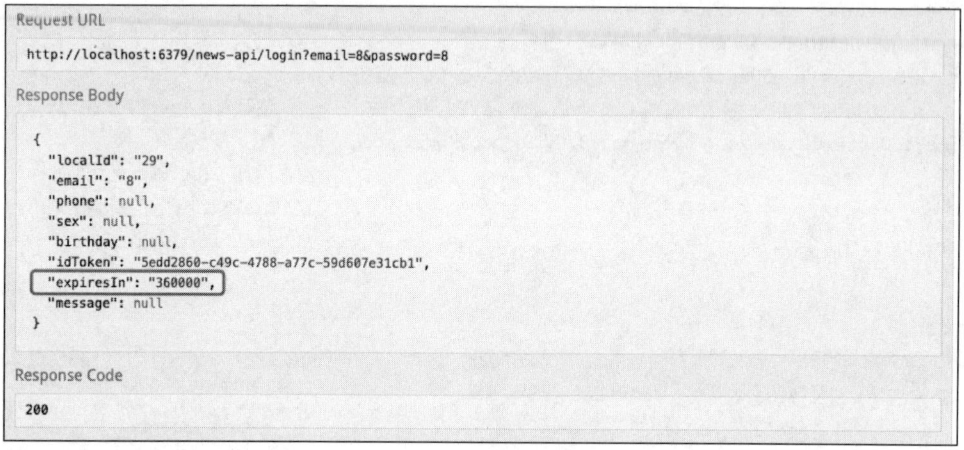

```
Request URL

  http://localhost:6379/news-api/login?email=8&password=8

Response Body

  {
    "localId": "29",
    "email": "8",
    "phone": null,
    "sex": null,
    "birthday": null,
    "idToken": "5edd2860-c49c-4788-a77c-59d607e31cb1",
    "expiresIn": "360000",
    "message": null
  }

Response Code

  200
```

图 13.10　用户登录接口

过期时间表示当用户成功登录后,登录时间超过指定的时间后自动退出。在 mix_ model.dart 文件中添加方法 setTimeOut(),在这个方法中设置一个有效期,登录时间到期后自动退出。方法中传入一个 int 类型参数,表示用户登录的时间,以秒为单位,然后使用 Dart 语言提供的计时器 Timer(Duration)计算运行的时间。代码如下:

```
// Chapter13/13 - 11/lib/scoped_models/mix_model.dart
…
void setTimeOut(int expiresTime){                    // 设置过期时间
Timer(Duration(seconds: expiresTime),(){             // 过期后调用的方法

    });
  }
…
```

当运行时间超过 expiresTime 时间后,Dart 会自动调用 Timer 中的方法。这里我们可以调用 logout()方法。这个时间应该是用户登录成功后设置的。代码如下:

```
setTimeOut(int.parse(responseData['expiresIn']));        //设置过期时间
```

如果这样设置,当用户再次登录或者重启 App 后,这个有效期也就被重新设置为服务器端返回的时间,所以我们需要记录过期的时间点,并存储这个时间点。代码如下:

```
// Chapter13/13 - 11/lib/scoped_models/mix_model.dart
…
```

```
DateTime now = DateTime.now();                          // 获取当前时间
DateTimeexpiryTime = now.add(Duration                   // 获取过期时间
(seconds: int.parse(responseData['expiresIn'])));
sharedPreferences.setString(
expiryTimePoint,expiryTime.toString());                 // 存储过期时间点
setTimeOut(int.parse(responseData['expiresIn']));       // 过期自动退出
…
```

这样当用户登录或者注册成功后便存储了过期的时间点。在 mix_model.dart 文件中，当用户认证后，我们可以在自动认证 autoAuthenticate()方法中取回过期时间和过期时间点的数据。首先获取过期时间点数据，代码如下：

```
DateTimeexpiryTimePoint =                               // 自动登录获取过期时间点
DateTime.parse(sharedPreferences.getString('expiryTimePoint'));
```

在自动登录方法中检查 token 是否有效，可以调用 expiryTimePoint.isBefore(now)确认是否过期，代码如下：

```
// Chapter13/13 - 11/lib/scoped_models/mix_model.dart
…
DateTime now = DateTime.now();                          // 当前时间
    if (token != null) {                                // 如果 token 不为空
      if (expiryTimePoint.isBefore(now)) {              // 如果 token 过期
        _user = null;                                   // 清空用户
notifyListeners();                                      // 刷新页面
        return;                                         // 返回
      }
…
```

如果用户的 token 没有过期，表明用户的 token 还在有效期内，但是需要设置 token 有效的剩余时间，代码如下：

```
// Chapter13/13 - 11/lib/scoped_models/mix_model.dart
…
_user =
UserModel(id: id,
userName: userName, token: token);                      // 认证的用户
int tokenLeft =
expiryTimePoint.difference(now).inSeconds;              // token 剩余时间
setTimeOut(tokenLeft);                                  // 重新设置计时器
notifyListeners();                                      // 刷新页面
…
```

在 MixModel 中添加 Timer 类型的属性_authTimer，在 setTimeOut()方法中给它赋值，然后在退出方法中调用_authTimer.cancel()，这样当时间过期后便可以调用退出方法了。

13.12　自动退出跳转

上一节 token 有效时间到期后，自动调用了退出的方法，但是退出后没有直接返回到登录页面。在 main.dart 文件中，我们是在 initState()方法中调用了 autoAuthenticate()方法，在 mix_model.dart 文件中，autoAuthenticate()方法是异步的，因为它需要使用本地存储，而本地存储获取对象的方法是异步的，这表示 main.dart 中的代码不会同步执行。这样在 main.dart 文件中，检查用户是否为空的逻辑可能会在用户更新之前被调用，代码如下：

```
return model.user = = null?AuthPage():NewsListPage(_model);
```

我们可以使用第三方包 rxdart 解决上述问题，如图 13.11 所示。

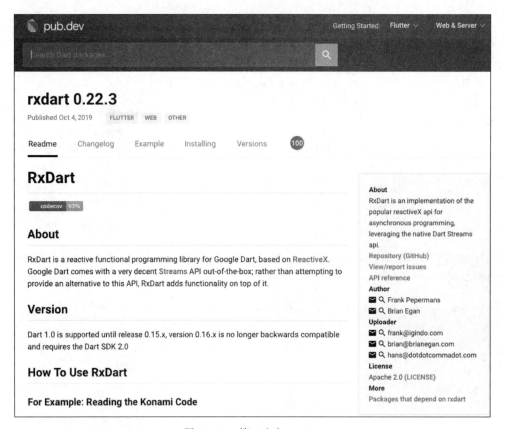

图 13.11　第三方包 rxdart

rxdart 包提供了很多处理异步数据功能，例如实现订阅消息功能等。副本依赖并添加到 pubspec.yaml 文件中，保存后，IDE 会自动加载 rxdart。

在 mix_model.dart 文件中，添加一个新属性 _userSubject，类型是 rxdart 包中的

PublishSubject。PublishSubject 是主题对象,它允许我们发布和订阅主题。PublishSubject
泛型定义为 bool,表示 PublishSubject 保存着一个布尔类型的值。代码如下:

```
PublishSubject < bool > _userSubject = PublishSubject();    //用户主题
```

首先创建一个获得主题对象的方法,代码如下:

```
// Chapter13/13 - 12/lib/scoped_models/mix_model.dart
…
PublishSubject get userSubject{                            // 获取用户主题
    return _userSubject;                                   // 返回用户主题
  }
…
```

我们通过发布一个事件表示当前的用户是否为认证用户,在退出方法中发布事件代码
如下:

```
_userSubject.add(false);                                  //表示当前用户没有认证
```

我们可以什么都不发送,表示这是一个不关心数据的事件。我们发送 false 事件,表示
用户已取消认证。在 main. dart 文件中,我们在 initState ( ) 方法中使用 model 获取
userSubject 对象,并创建 bool 类型的属性_isAuth,然后调用 listen()方法,listen()方法需
要传入一个方法表示接收事件。代码如下:

```
// Chapter13/13 - 12/lib/main. dart
…
_model.userSubject.listen((dynamic isAuth){               // 监听用户主题
});
…
```

传入的方法会在接收到主题事件时执行。主题中的监听方法不会在初始化时被执行,
而是在监听到事件后被执行。我们需要在监听方法中更新当前的状态,所以这里调用
setState()方法,然后把_isAuth 的值设置为参数中的值。代码如下:

```
// Chapter13/13 - 12/lib/main. dart
…
_model.userSubject.listen((dynamic isAuth){               // 监听主题事件
setState(() {                                              // 更新页面
_isAuth = isAuth;                                          // 设置_isAuth 值
      });
    });
…
```

在 mix_model. dart 文件中,我们可以在自动认证方法里发送一个事件,通过认证时发
送 true 的事件,并且不需要调用 notifyListeners( )方法了,因为在 main. dart 文件中的监听
事件调用了 setState( )方法。

在 main.dart 文件中我们可以使用_isAuth 来判断显示的是登录页面还是列表页面或者是其他页面。代码如下：

```
// Chapter13/13-12/lib/main.dart
…
routes: {                                          // 命名路由
'/admin': (context) {                              // 资讯管理路径
return !_isAuth?AuthPage():ManageNews(_model);     // 用户认证判断
},
'/home': (context) {                               // 资讯列表页面
return !_isAuth?AuthPage()                          // 用户认证判断
:NewsListPage(_model);
},
'/': (context) {                                   // 首页
return !_isAuth?AuthPage()                          // 用户认证判断
:NewsListPage(_model);
}
},
…
```

在 mix_model.dart 文件中，用户登录和用户注册的方法也需要发送事件，如果登录或注册成功则需要发送 true 事件，否则在跳转页面时会出现问题，因为 main.dart 文件中的属性_isAuth 是通过监听事件来更新值的。

动态解析的资讯详情页也需要加上用户认证的验证。代码如下：

```
// Chapter13/13-12/lib/main.dart
…
return MaterialPageRoute < bool >(builder: (context) {

return !_isAuth?AuthPage():NewsDetailPage();        // 是否通过验证

    });
…
```

最后将 main.dart 文件中的 ScopedModelDescendant 去掉，我们使用了监听事件和 setState()方法刷新页面，所以可以在 main.dart 文件中不使用 ScopedModelDescendant 了。

13.13 优化用户登录

上一节我们使用第三方包 rxdart 发布事件和订阅事件实现了页面的自动跳转。我们可以只使用 scope model 来实现自动跳转，例如在 MaterialApp 的外面加一层 scope model，这样也可以实现自动退出后跳转至登录页面的功能，但是这种方式有个缺点，当我们调用 notifyListeners()方法重新构建时，很多的 ScopedModelDescendant 将执行 builder()方法，这意味着会重新构建很多小部件树。Flutter 会重新构建页面元素，但是并不是重新渲染所有内容,Flutter 会比较新页面和之前的页面,只改变页面上需要改变的部分,所以不会出现性能问题。

如果我们在 MaterialApp 外面加一层 scoped model,会影响很多的小部件。优化的一种方式是把一个 scoped model 划分成多个独立的 scoped model,如果业务逻辑能够拆分,可以在不同的子小部件树添加不同的 scoped model;第二种优化方式是使用主题订阅,我们只需关心事件,当主题接收到事件后,我们会调用 main.dart 中的 build() 方法重新构建整个小部件树,而且主题只会在接收到事件后才会触发,所以当我们收藏资讯或者获取资讯列表的时候,都不会重新构建整个小部件树,这样就能提升性能,以上就是同时使用 scope model 和 rxdart 的原因。

13.14　添加收藏功能

本节实现一下收藏功能,收藏数据当前只是保存在内存中,而没有保存到数据库中。应用面对的用户不止一个人,服务器端通过在资讯中添加一个用户列表保存收藏这条资讯的用户,如图 13.12 所示。

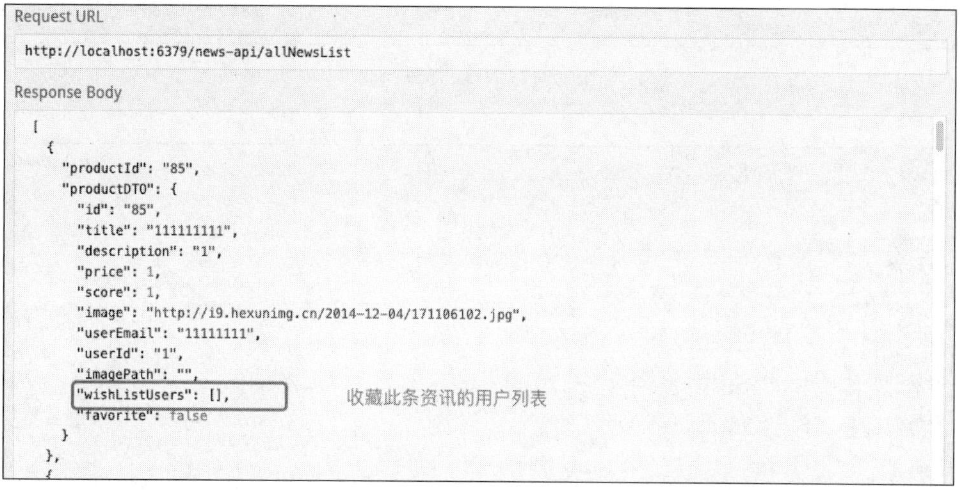

图 13.12　资讯中的收藏用户列表

当获取资讯数据的时候,可以判断当前的用户是否在这个收藏用户列表中。现在来实现这一功能,在 mix_model.dart 文件中的 toggleFavorite() 方法中发送 HTTP 请求,请求的接口如图 13.13 所示。

接口中 newsId 表示资讯 Id,userId 表示当前登录的用户,调用接口后,当前登录的用户 Id 会添加到这条资讯的收藏用户列表中。登录的用户取消收藏资讯的接口如图 13.14 所示。

接口中 newsid 表示资讯 id,userId 表示当前登录的用户,调用接口后,当前登录的用户

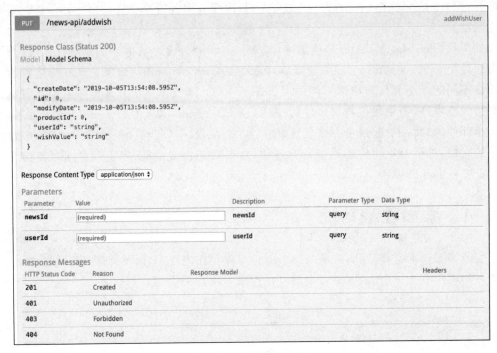

图 13.13 收藏资讯接口

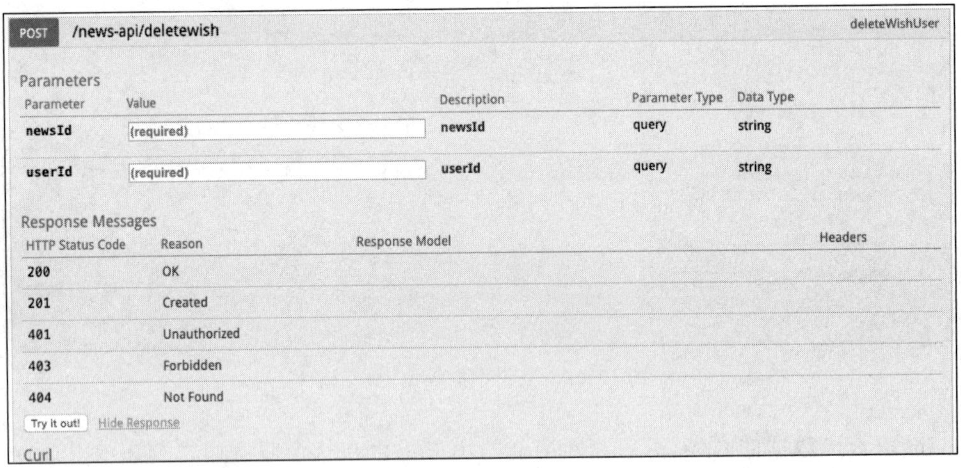

图 13.14 取消收藏接口

id 会从这条资讯的收藏用户列表中删除。

我们需要在 mix_model.dart 文件中的 toggleFavorite()方法里检查更新的收藏状态是否为 true,如果为 true,需要把当前的用户 id 添加到当前资讯的收藏用户列表中,如果为 false 就从选中的资讯的收藏用户列表中删除当前的用户。代码如下:

```
// Chapter13/13 - 14/lib/scoped_models/mix_model.dart
...
final bool newValue = !currentNewsFavorite;            // 更新的收藏值
NewsModelupdateNews;                                   // 更新的资讯实体
    if (newValue) {                                    // 如果收藏
http.Response response = await http.put(               // 添加用户 id
'http://localhost:6379/news - api/addwish?newsId = ${selectedNews.id}&userId = ${_user.id}
');
        if (response.statusCode == 200 || response.statusCode == 201) {updateNews =
NewsModel(                                              // 请求成功
id: selectedNews.id,                                   // 设置资讯 id
        title: selectedNews.title,                     // 设置资讯标题
        description: selectedNews.description,          // 设置资讯描述
        score: selectedNews.score,                     // 设置资讯分数
        image: selectedNews.image,                     // 设置资讯图片
isFavorite: newValue,                                  // 设置收藏状态
userId: _user.id,                                      // 设置用户 id
userName: _user.userName);                             // 设置用户名
    }
    } else {
http.Response response = await http.post(              // 发送取消收藏请求
        'http://localhost:6379/news - api/deletewish?newsId = ${selectedNews.id}&userId
= ${_user.id}');
        if (response.statusCode == 200 || response.statusCode == 201) {updateNews =
NewsModel(                                              // 请求成功
id: selectedNews.id,                                   // 设置资讯 id
        title: selectedNews.title,                     // 设置资讯标题
        description: selectedNews.description,          // 设置资讯描述
        score: selectedNews.score,                     // 设置资讯分数
        image: selectedNews.image,                     // 设置资讯图片
isFavorite: newValue,                                  // 设置收藏状态
userId: _user.id,                                      // 设置用户 id
userName: _user.userName);                             // 设置用户名
    }
    }
...
```

这样就保存了收藏的状态。下一节将实现获取收藏状态。

13.15 获取收藏状态

上一节我们把收藏数据保存到服务器中了,在资讯列表页面 NewsListPage 中单击收藏后,刷新页面,收藏状态不见了,因为我们在遍历资讯列表时,没有设置收藏状态。修改 mix_model.dart 文件中的 fetchNews() 获取资讯列表方法。在 NewsModel 中设置收藏属性,我们从服务器端获得了收藏资讯的用户列表,可以根据这个收藏用户的列表设置当前资

讯的收藏状态,代码如下:

```
// Chapter13/13 - 15/lib/scoped_models/mix_model.dart
…
List < dynamic > wishListUsers                        // 收藏用户列表
 = newsData['wishListUsers'] as List < dynamic >;
NewsModelnewsModel = NewsModel(                        // 创建资讯实体
        id: newsData['id'].toString(),                 // 设置资讯 id
        title: newsData['title'],                      // 设置资讯标题
        description: newsData['description'],           // 设置资讯描述
        score: newsData['score']
== null ? 0.0 : newsData['score'],                     // 设置资讯分数
userId: newsData['userId'],                            // 设置用户 id
userName: newsData['userEmail'],                       // 设置用户名
isFavorite:
wishListUsers.contains(_user.id),                      // 判断当前用户是否收藏这条资讯
        image: newsData['image'],                      // 资讯图片
    );
…
```

Flutter 无法判断 newsData['wishListUsers']的类型,所以可以这样写 newsData
['wishListUsers'] as List < dynamic >告诉 Flutter 可以把 newsData['wishListUsers']转化
成 List 类型。contains()方法可以检查 List 中是否包含对应的值。

13.16　根据条件显示列表和总结

这个应用有个问题,任何用户都可以编辑资讯,在我的资讯页面中可以看到所有的资
讯,我们不应该看到不属于我们创建的资讯。在我的资讯页面 MyNewsPage 中,我们在初
始化方法 initState()中调用了 model 中的 fetchNews()方法,这样就把所有的资讯都显示
在我的资讯列表页面了。我们可以在 fetchNews()方法中添加参数,例如使用命名参数
{onlyForUser:false},默认值设为 false,表示获取所有资讯,如果 onlyForUser 的值为 true,
表示只获取当前用户的资讯。代码如下:

```
// Chapter13/13 - 16/lib/scoped_models/mix_model.dart
…
if (onlyForUser) {                                     // 判断 onlyForUser 的值
_news = getNewslist.where((NewsModel news) {           // 遍历资讯列表中的每个值
        return news.userId == _user.id;                // 返回满足条件的资讯
    }).toList();                                       // 转换成 List
    } else {
    _news = getNewslist;                               // 返回所有的资讯列表
    }
…
```

然后在我的资讯页面的初始化方法中，给获取资讯列表的方法传入参数，代码如下：

```
widget.model.fetchNews(onlyForUser: true);              //获取当前用户创建的资讯
```

　　本章我们学习了用户认证、注册登录，以及通过认证用户来访问受保护的资源。用户认证一般在服务器端进行验证，例如验证用户名和密码。本章还学习了 token 和 Timer，我们使用保存在 App 中的 token 去访问资源，当 token 过期时，将用户退出。我们也通过设置有效期的方式来实现自动退出。我们还结合了 scope model 和 rxdart 来实现事件的发布和监听，scope model 和 rxdart 的结合非常高效，使我们不用更新全部 UI，只是有选择地进行更新。

第 14 章

访问相机和图库

本章学习在 App 中经常使用的相机和图库,我们可以使用设备的相机或者图片库为资讯添加图片,在 App 中我们可以使用相机拍摄的图片或者从图库选择图片替换当前的硬编码图片。本章还学习如何把图片上传到服务器端,并从服务器端获取上传的图片。

14.1　选择图片小部件

我们需要使用相机拍摄的图片或者图片库中的图片替换当前的图片。在编辑资讯页面 EditNewsPage 中,我么需要添加一个按钮来选择并添加一张图片,图片可以是拍摄的图片或者是从图库选择的图片,选中后上传到服务器端,然后在添加图片按钮下方显示预览,同时我们把服务器端的图片 URL 保存到资讯 news 中。

首先在 widgets 目录下的 ui_element 目录中,创建 image. dart 文件,引入 material 包,定义类 ImageInput 继承 StatefulWidget。代码如下:

```
// Chapter14/14 - 01/lib/widgets/ui_element/image. dart
import 'package:flutter/material.dart';            // 引入 material 包
class ImageInput extends StatefulWidget {          // 创建 ImageInput
  _ImageInputStatecreateState()
=> _ImageInputState();                             // 创建状态类
}
class _ImageInputState extends State < ImageInput > {   // 定义状态类
  @override
  Widget build(BuildContext context) {             // 构建方法
    return Container(

    );
  }
}
```

现在需要在 build()方法里构建渲染的内容,首先添加一个按钮来提取图片,当单击按钮的时候显示一个弹出层,让用户选择使用相机拍摄图片还是图库中的图片,然后根据用户的选择把图片显示到预览的地方。这里需要使用列小部件,因为我们要显示两个小部件,一个是选择图片的按钮,另一个是预览图片小部件。选择图片的按钮使用 OutlineButton 小部件,OutlineButton 按钮只有文字和边框,没有背景。代码如下:

```
// Chapter14/14 – 01/lib/widgets/ui_element/image.dart
…
Widget build(BuildContext context) {                // 构建方法
    return Column(
crossAxisAlignment: CrossAxisAlignment.center,      // 居中显示
        children: < Widget >[                       // 列的子部件
OutlineButton(                                      // 边框按钮
            child: Text('选择图片'),                 // 按钮上文字
onPressed: () {},                                   // 按钮单击事件
        ),
      ],
    );
  }
…
```

在编辑资讯页面,引入 ImageInput 小部件,然后在"创建资讯"按钮上面添加 ImageInput 小部件,保存后如图 14.1 所示。

图 14.1　选择图片小部件

我们可以给 OutlineButton 按钮添加一个边框，参数是 borderSide，值是 BorderSide。BorderSide 可以定义颜色和虚实线。代码如下：

```
// Chapter14/14-01/lib/widgets/ui_element/image.dart
…
borderSide: BorderSide(                                    // 按钮边框
    color: Theme.of(context).accentColor,                  // 边框颜色
    width: 2,                                              // 边框宽度
    style: BorderStyle.solid),                             // 边框虚实线
…
```

保存后，OutlineButton 按钮显示更清晰了，如图 14.2 所示。

图 14.2　优化 OutlineButton 按钮

14.2　使用图片选择器 UI

选择图片的按钮小部件已经构建好了，现在需要添加选择图片的功能，我们需要使用第三方包 image_picker，如图 14.3 所示。

在项目中添加依赖，保存后 IDE 会自动加载依赖。我们可以使用包 image_picker 中 ImagePicker 的 pickImage()方法指定图片的来源，例如相机还是图片库。

图14.3 第三方包 image_picker

在 ImageInput 小部件中,需要实现一个弹出层,用户可以在弹出层中选择使用相机拍摄图片还是图库的图片。我们在_ImageInputState 添加一个方法 openImagePicker(),方法中实现弹出一个遮罩层,代码如下:

```
// Chapter14/14-02/lib/widgets/ui_element/image.dart
…
void openImagePicker(BuildContext context) {          // 图片弹出层
showModalBottomSheet(                                  // 底部弹出层
        context: context,                             // 上下文
        builder: (BuildContext context) {             // 构建方法
          return Container(                           // 返回 Container
            padding: EdgeInsets.all(10),              // 设置内边距
            child: Column(                            // 列小部件
              children: <Widget>[                     // 列中的小部件
FlatButton(                                            // 无背景按钮
                child: Text('相机'),                   // 按钮文字
onPressed: () {},                                     // 按钮单击事件
              ),
SizedBox(                                              // 固定间距
                height: 10,                           // 固定高度
              ),
FlatButton(                                            // 无背景图片
                child: Text('图库'),                   // 按钮文字
onPressed: () {},                                     // 按钮单击事件
              )
            ],
          ),
```

```
        );
    });
  }
…
```

保存后,单击"选择图片"按钮,显示如图 14.4 所示。

图 14.4　图片选择器弹出层

这样就成功地显示了按钮选项。下一节将学习单击按钮后调用图片选择器 ImagePicker。

14.3　使用 ImagePicker 选择图片

本节把底部弹出层的按钮和图片选择器 ImagePicker 建立联系。在相机按钮的单击事件中,调用 ImagePicker 中的方法。代码如下:

```
// Chapter14/14-03/lib/widgets/ui_element/image.dart
…
ImagePicker.pickImage(                          // 使用图片选择器
    source: ImageSource.camera,                 // 选择相机的图片
    maxWidth: 400                               // 最大宽度为 400 像素
    ).then((File imageFile){                    // 异步获取图片文件
    Navigator.of(context).pop();                // 弹出底部弹出层
    });
…
```

　　ImageSource 表示图片的来源,可以选择相机、图库或者视频。maxWidth 指定图片的最大宽度,如图设置的最大宽度太大,会占用很多空间,也会占用服务器端的很多空间,例如上传高分辨率的图像,所以这里需要设置图片最大的宽度,这样就限制了所拍摄的图片的大小。pickImage()方法返回的是 Future 类型,泛型是 File,表示选择的图片。我们通过 then()方法获取选中的图片文件。File 类是 Dart 提供的,需要引入 dart:io。dart:io 中包含输入输出流、读写文件等,我们已经获得这张图片,但是还没有使用它。我们首先要使用导航器的 pop()方法,把底部弹出层先关掉。

　　图库按钮的图片来源选择图库。最后我们需要给应用授予访问图片和相机的权限。Android 不需要配置任何内容,包 image_picker 已经设置好了。iOS 需要在< project root >/ios/Runner/Info. plist 中配置访问权限,代码如下:

```
// Chapter14/14-03/Info.plist
…
< key > NSPhotoLibraryUsageDescription </key >          // 图库访问权限
    < string > Main </string >                          // 访问提示描述
    < key > NSCameraUsageDescription </key >            // 相机访问权限
    < string > Main </string >                          // 访问提示描述
…
```

　　配置好后就可以使用 iOS 的模拟器来选择图片了,如图 14.5 所示。

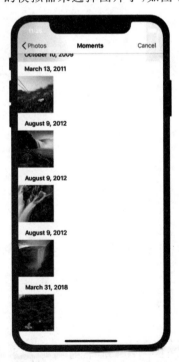

图 14.5　选择图库中的图片

但是目前还不能使用拍照功能,这是因为我们通过拍照选择照片需要使用真实的设备。下一节我们将通过获取到的图片文件实现图片预览功能。

14.4　图片预览

在_ImageInputState 类中添加一个属性,表示我们选择的图片,类型是 File,命名为 imageFile。在调用 pickImage()方法的 then()方法中,我们已经获得了选择的图片。在关闭底部弹出层之前,把选中的图片存储到_ImageInputState 的属性_imageFile 中,然后调用 setState()方法更新页面显示。代码如下:

```
// Chapter14/14-04/lib/widgets/ui_element/image.dart
…
setState(() {                                    // 更新页面
_imageFile = imageFile;                          // 设置_imageFile
})
…
```

这样就把所选择的图片保存到内存中了。现在我们可以把选中的图片输出到预览中。在选择图片 OutlineButton 按钮下面预览选中图片,代码如下:

```
// Chapter14/14-04/lib/widgets/ui_element/image.dart
…
SizedBox(                                        // 设置间距
        height: 10,                              // 高度为10像素间距
    ),
        _imageFile != null                       // 选中的图片不为空
        ? Image.file(                            // 显示图片
    _imageFile,                                  // 选中的图片
  fit: BoxFit.cover,                             // 不变形显示
  height: 300,                                   // 高度为300像素
        )
        : Center(                                // 居中显示
            child: Text('请选择图片'),              // 居中的文字
        ),
    ),
…
```

保存后选择一张图片,我们发现所选中的图片显示到图片预览中了,如图 14.6 所示。

图 14.6 预览图片

14.5 上传图片

预览中的图片只是保存到内存中了，没有保存到服务器端。我们需要把所选择的图片上传到服务器端，然后再使用这个图片。我们需要使用上传图片的接口，如图 14.7 所示。

使用接口上传图片后的返回值，如图 14.8 所示。

在编辑资讯页面的_EditNewsPageState类中添加一个方法_setImage()。代码如下：

```
// Chapter14/14-05/lib/pages/edit_news.dart
…
  void _setImage(File imageFile){                    // 设置图片的方法
  }
…
```

_setImage()方法中的参数 imageFile 表示从选择图片小部件 ImageInput 中所选的图片，_setImage()方法中需要调用服务器端上传图片的接口，下一节我们实现这个功能。首先我们需要把 setImage()方法传入到 ImageInput 小部件中，代码如下：

```
ImageInput(_setImage)
```

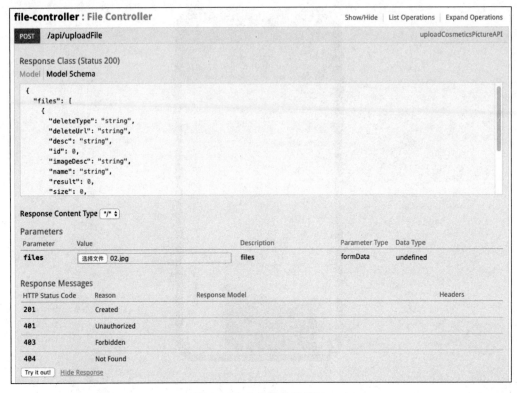

图 14.7　上传图片的接口

Request URL

http://localhost:6379/api/uploadFile

Response Body

```
{
  "files": [
    {
      "result": 0,
      "desc": null,
      "imageDesc": null,
      "thumbnailUrl": null,
      "url": "http://localhost:6379/downloadFile/9854678e-7408-4f5e-80ec-038ad7d9581a.jpg",
      "id": 155,
      "name": "9854678e-7408-4f5e-80ec-038ad7d9581a.jpg",
      "type": null,
      "size": 195028,
      "deleteUrl": null,
      "deleteType": null
    }
  ]
}
```

图 14.8　上传图片接口返回内容

在 ImageInput 小部件中创建一个方法属性,然后通过构造器赋值,代码如下:

```
// Chapter14/14 – 05/lib/widgets/ui_element/image.dart
…
  final Function setImage;                         // 设置图片的方法
ImageInput(this.setImage);                         // 构造器赋值
…
```

然后在选择图片后的 then()方法中,调用设置图片的方法,代码如下:

```
// Chapter14/14 – 05/lib/widgets/ui_element/image.dart
…
ImagePicker.pickImage(                             // 图片选择器
source: ImageSource.gallery, maxWidth: 400)        // 从图库中选择
    .then((File imageFile) {                       // 选择图片后
      setState(() {                                // 刷新页面
      widget.setImage(imageFile);                  // 设置选中图片
      _imageFile = imageFile;                      // 设置选中图片属性
});
…
```

这样我们就把在小部件 ImageInput 中选中的图片设置到它的父类小部件中,也就是编辑资讯页面。下一步我们需要在设置图片的方法中,上传这个选中的图片,然后把返回的图片 URL 路径设置为资讯实体的属性。在编辑资讯页面需要验证一下资讯中的图片不能为空,代码如下:

```
// Chapter14/14 – 05/lib/pages/edit_news.dart
…
if(image.isEmpty){                                 // 如果资讯图片为空
showDialog(context: context,builder: (BuildContext context) {
            return AlertDialog(                    // 弹出提示框
              title: Text('提示'),                  // 提示标题
              content: Text('资讯图片不能为空'),      // 提示内容
              actions: < Widget >[                  // 提示操作
RaisedButton(child: Text('确认'),                   // 操作按钮
                onPressed: (){                     // 按钮单击事件
Navigator.of(context).pop();                        // 关闭提示框
                },)
              ],
            );
          });
      return;
    }
…
```

14.6　上传图片到服务器端

首先我们需要引入一个第三方包 dio，dio 包提供了很多客户端功能。在 mix_model.dart 文件中，添加一个方法 uploadImage 来向服务器端上传图片，代码如下：

```
// Chapter14/14 - 06/lib/scoped_models/mix_model.dart
…
Future < String > uploadImage(File imageFile) async {// 上传图片
Diodio = Dio();                                      // 创建 Dio 对象
FormDataformData = FormData.fromMap({                 // 创建表单数据
    'files':                                          // 数据参数
await MultipartFile.fromFile(imageFile.path,filename: imageFile.path.split('/').last),
                                                      // 上传的图片
    });
    Response response
= await dio.post('http://localhost:6379/api/uploadFile', data: formData);    // 上传图片

    if (response.statusCode != 200 &&response.statusCode != 201)
{                                                    // 请求报错
        print(response);                             // 打印错误
        return '';                                   // 返回空字符串
}else{
        return response.data['files'][0]['url'];     // 返回图片 URL
    }
  }
…
```

FormData 是 POST 请求中发送的数据，response.data['files'][0]['url']获取的是图 14.8 中响应格式的数据。这样我们就获得了上传图片的 URL，我们把资讯图片赋值为上传图片的 URL，代码如下：

```
// Chapter14/14 - 06/lib/scoped_models/mix_model.dart
…
void _setImage(File imageFile,MainScopeModel model){   // 设置图片方法
model.uploadImage(imageFile).then((String imageURL){   // 赋值上传图片
    image = imageURL;                                  // 设置资讯图片
    });
  }
…
```

这样我们就把上传的图片保存到服务器端了，并且将上传的图片显示到模拟器上了，如图 14.9 所示。

图 14.9　上传到服务端的图片

14.7　编辑上传的图片

当我们在我的资讯页面编辑某条资讯的时候,首先会加载选择图片小部件,我们需要判断 model. selectedNews 的值是否为空,如果为空,则资讯图片 image 为空,否则 image 为当前选中资讯的图片 URL,同时需要在选择图片小部件中显示图片,代码如下:

```
// Chapter14/14 - 07/lib/widgets/ui_element/image. dart
...
Widget _buildImagePreView(MainScopeModel model) {     // 构建预览小部件
if (_imageFile != null) {                             // 选中图片不为空
    return Image. file(                               // 返回选中图片
      _imageFile,
      fit: BoxFit. cover,                             // 不扭曲显示
      height: 300,                                    // 高度为 300 像素
    );
  } else if (
    model. selectedNewsId != null) {                 // 如果是编辑模式
widget. initImage(model. selectedNews. image);       // 设置选中图片 URL
    return Image. network(                            // 显示编辑图片
model. selectedNews. image,                           // 编辑图片 URL
```

```
        fit: BoxFit.cover,                        // 不扭曲显示
        height: 300,                              // 高度为 300 像素
      );
    } else {
      return Center(                              // 新建模式
        child: Text('请选择图片'),                  // 提示选择图片
      );
    }
  }
  …
```

widget.initImage()方法是调用编辑资讯页面中的初始化图片方法,表示在编辑模式时,需要为资讯图片属性赋值,代码如下:

```
// Chapter14/14-07/lib/pages/edit_news.dart
…
void _initImage(String imageURL){            // 初始化资讯图片
    image = imageURL;                        // 赋值选中资讯图片
  }
…
```

这样我们就可以编辑上传图片了。

14.8　总结

本章学习了如何使用设备的相机和图库、如何上传选中的图片,以及如何使用第三方包 image_picker。使用第三方包的时候要注意阅读文档,例如 image_picker 需要配置设备的使用权限。本章我们创建了选择图片小部件来实现获取图片的相关功能,例如预览图片的功能。上传图片的方式取决于服务器端提供的接口,通常请求中需要配置附加内容。

第 15 章

Flutter 动画效果

我们已经完成了应用的所有功能。本章我们给应用添加一些动画效果来提高用户体验。用户的体验取决于提供的动画是否有帮助,因为动画能帮助用户了解哪里发生了变化,从而引导用户注意到某些内容。

15.1 浮动按钮

首先我们添加一些能产生动画效果的小部件,在资讯详情页 news_detail.dart 文件中,把返回按钮删除,然后在页面 Scaffold 中添加一个浮动按钮,代码如下:

```
// Chapter15/15 - 01/lib/pages/news_detail.dart
…
    floatingActionButton: FloatingActionButton(      // 浮动按钮
    child: Icon(Icons.more_vert),                    // 按钮小图标
    onPressed: () {},                                // 按钮单击事件
    ),
…
```

这样我们就在资讯详情页中创建了一个浮动按钮,如图 15.1 所示。

我们需要实现当用户单击浮动按钮时,可以显示收藏按钮和用户信息按钮。我们在添加动画之前,把这些按钮添加上,然后再添加动画效果。Scaffold 中的参数 floatingActionButton 可以设置为 Column,Column 中可以添加多个 FloatingActionButton,Column 列默认占满整个页面,所以这样这些浮动按钮将显示在页面顶部,我们需要设置参数 minAxisSize 为 MainAxisSize.min,表示列 Column 不会占满整个页面,只是满足当前小部件的高度。代码如下:

```
// Chapter15/15 - 01/lib/pages/news_detail.dart
…
floatingActionButton: Column(                        // 浮动按钮列
mainAxisSize: MainAxisSize.min,                      // 满足列小部件高度
children: <Widget>[                                  // 列中的小部件
FloatingActionButton(                                // 浮动按钮
```

图15.1　资讯详情页的浮动按钮

```
child: Icon(Icons.favorite_border),          // 浮动按钮图标
onPressed: () {},                            // 按钮单击事件
),
FloatingActionButton(                        // 浮动按钮
child: Icon(Icons.email),                    // 浮动按钮图标
onPressed: () {},                            // 按钮单击事件
),
FloatingActionButton(                        // 浮动按钮
child: Icon(Icons.more_vert),                // 浮动按钮图标
onPressed: () {},                            // 按钮单击事件

),
],
),
…
```

保存后，资讯详情页所显示内容如图15.2所示。

因为我们需要动态显示收藏按钮和用户信息按钮，所以需要让资讯详情页继承StatefulWidget，我们在内部改变一些数据来动态显示图标按钮。

在实现动态显示收藏按钮之前，我们先优化一下浮动按钮。首先给这些浮动按钮加一

图 15.2　资讯详情页的浮动按钮

些间距，代码如下：

```
SizedBox(height: 5,),                                    //添加浮动按钮间距
```

FloatingActionButton 小部件中的参数 mini 表示使用小版本的浮动按钮，我们可以把收藏按钮和用户信息按钮中的 mini 设置为 true，代码如下：

```
mini: true                                              //显示较小浮动按钮
```

重新加载页面后报错，如图 15.3 所示。

```
======= Exception caught by scheduler library
The following assertion was thrown during a scheduler callback:
There are multiple heroes that share the same tag within a subtree.
```

图 15.3　使用浮动按钮报错

我们这里使用了多个 FloatingActionButton，如果把多个 FloatingActionButton 放在一个列 Column 中，必须保证每个 FloatingActionButton 小部件中的参数 heroTag 唯一，所以我们需要给每个 FloatingActionButton 添加标签，名字可以自定义，例如'like'，代码如下：

```
heroTag: 'like',                                        // 给浮动按钮添加标签
```

我们再给收藏按钮和用户信息按钮设置背景色和图标的颜色，代码如下：

```
// Chapter15/15 - 01/lib/pages/news_detail.dart
…
backgroundColor: Colors.white,                              // 设置浮动按钮背景色
…
Icon(                                                       // 浮动按钮上的图标
Icons.favorite_border,
color: Theme.of(context).accentColor,                       // 图标的颜色
)
…
```

保存后，资讯详情页所显示内容如图 15.4 所示。

图 15.4　优化后的浮动按钮

我们已经在资讯详情页添加了 3 个浮动按钮，但是在单击事件中没有添加任何内容。单击收藏按钮后需要调用 mix_model.dart 中的收藏方法。代码如下：

```
model.toggleFavorite();                                     //单击收藏浮动按钮后调用收藏方法
```

然后根据当前资讯的收藏状态显示不同的收藏图标，代码如下：

```
// Chapter15/15 - 01/lib/scoped_models/mix_model.dart
model.selectedNews.isFavorite?                              // 收藏显示实心
Icons.favorite: Icons.favorite_border                       // 没收藏显示空心
```

15.2　添加动画效果

　　收藏按钮和用户信息按钮可以通过单击最下面的浮动按钮切换显示和隐藏，我们可以通过_NewsDetailPageState 类中的状态属性切换显示和隐藏，也可以通过动画的方式控制显示和隐藏。

　　我们可以控制收藏按钮和用户信息按钮的大小，按钮从 0 到 1 表示显示，从 1 到 0 表示消失。Flutter 官网提供了很多实现动画效果的方式，而且附带了很多详细的示例，如图 15.5 所示。

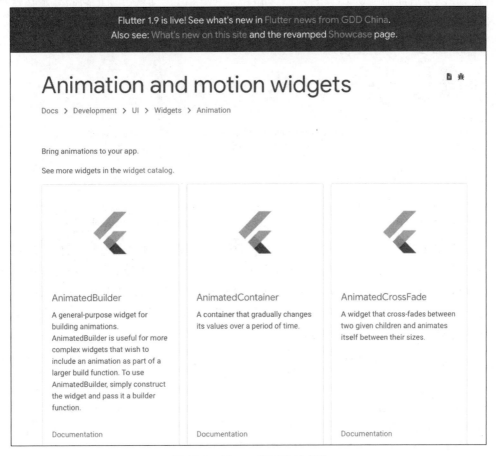

图 15.5　Flutter 官网动画文档

　　首先在_NewsDetailPageState 类中创建一个 AnimationController 类型的属性，然后在 initState()方法中初始化它。代码如下：

// Chapter15/15 - 02/lib/pages/news_detail.dart

```
…
AnimationController _controller;                    // 添加属性
  @override
  void initState() {                                // 初始化方法
super. initState();                                 // 父类初始化
    _controller = AnimationController();            // 创建对象
  }
…
```

AnimationController 的构造器需要配置一下,参数 vsync 设置为 this,表示动画属于当前的小部件,如果当前的小部件不在页面中显示,动画将不会被执行。要使参数 vsync 生效需要在 State 类后面加上 with TickerProviderStateMixin,这样就可以把动画绑定在这个小部件中了。代码如下:

```
// Chapter15/15 - 02/lib/pages/news_detail.dart
…
class _NewsDetailPageState extends State < NewsDetailPage >
with TickerProviderStateMixin{                      // 绑定动画
…
_controller = AnimationController(vsync: this);     // 绑定当前小部件
…
```

我们还可以设置 AnimationController 中的 duration 参数,代码如下:

```
AnimationController(vsync: this,duration
: Duration(seconds: 3));                            //动画持续的时间
```

在 duration 参数中现在我们定义了一个动画的控制器,动画控制器可以控制动画。我们还没有定义动画,只是创建了动画控制器。下一步需要将动画控制器附加到具体的动画上。动画效果包括缩放、滑动、渐变、旋转等。这里可以使用缩放的动画,和其他小部件一样,动画是在 Flutter 中定义好的。首先使用 ScaleTransition 小部件,它需要指定一个子部件,例如收藏浮动按钮。代码如下:

```
// Chapter15/15 - 02/lib/pages/news_detail.dart
…
ScaleTransition(
child: FloatingActionButton(
backgroundColor: Colors. white,
heroTag: 'like',
…
```

这样设置就意味着收藏浮动按钮的大小会有所变化。ScaleTransition 设置参数 scale,定义 ScaleTransition 中的子部件如何伸缩,参数的值需要设置一个动画,描述如何伸缩变化。可以使用 CurvedAnimation,CurvedAnimation 可以播放一组预定义的动画,动画曲线是一个数学函数,描述动画以什么速度开始和结束,以及在这段期间动画曲线如何变化。很

多动画都需要定义动画曲线。CurvedAnimation 的参数中,需要注册一个父类,值是动画控制器。代码如下:

```
parent: _controller                              //赋值动画控制器
```

动画控制器能控制动画的启动、暂停、回退等。我们还需要设置参数 curve,表示动画曲线。参数 curve 的值可以使用 Interval 对象,Interval 是由 Flutter 提供的,Interval 允许我们定义动画曲线。在 Interval 对象中,需要定义动画的起点和终点。代码如下:

```
curve:Interval(0,1)                              //定义动画的起点和终点
```

如果我们设置的动画持续时间是 6 秒,然后设置动画曲线为 Interval(0.5,1),表示动画效果将在 3 秒后开始,并且动画持续时间为 3 秒。Interval 第三个参数可以设置动画曲线效果,例如 Curves. easeOut,表示快速地开始,然后慢慢地减速。代码如下:

```
curve: Interval(0,1,curve: Curves. easeOut)      //定义动画曲线
```

在最下面的浮动按钮单击事件中,我们需要判断当前的动画是否已经播放过了,如果播放过了就让它回滚。代码如下:

```
// Chapter15/15 - 02/lib/pages/news_detail.dart
…
if(_controller. isDismissed){                    // 如果没有播放过
_controller. forward();                          // 从 0 到 1 显示
}else{                                           // 如果播放过了
_controller. reverse();                          // 从 1 到 0 隐藏
}
…
```

如果_controller. isDismissed 为 true,则表示没有播放过动画,这样我们就给收藏按钮添加了动画效果,使用同样的方式可以给用户信息按钮添加动画效果。

15.3　旋转动画效果

上一节我们给收藏按钮和用户信息按钮添加了缩放效果的动画,本节给最下面的浮动按钮添加旋转的动画效果。我们要旋转的内容是最下面浮动按钮的小图标,我们使用另外一种方式包装图标小部件。

我们使用 Flutter 提供的 AnimatedBuilder,AnimatedBuilder 需要传入一个 builder() 方法,方法中返回小图标,代码如下:

```
// Chapter15/15 - 03/lib/pages/news_detail. dart
…
AnimatedBuilder(                                 // 构建动画
builder: (BuildContext context, Widget child) {  // 构建方法
```

```
    return Icon(Icons.more_vert);                    // 返回小图标
  })
  …
```

现在我们需要使用 Transform()小部件包装 Icon 图标小部件，Transform()表示动画展示小图标，AnimatedBuilder 可以与动画控制器 AnimationController 建立联系，当AnimationController 播放或者回滚动画时，AnimatedBuilder 中的 builder()方法会重新构建，所以在 AnimatedBuilder 中需要附加动画，并绑定动画。首先绑定动画，给AnimatedBuilder 中参数 animation 赋值，值是动画控制器_controller，这样当动画向前或向后播放时，builder 中的方法会重新构建，在 builder()方法中我们可以实现一些动画效果，代码如下：

```
// Chapter15/15 - 03/lib/pages/news_detail.dart
  …
AnimatedBuilder(
    animation: _controller,                          // 绑定动画控制器
    builder: (BuildContext context, Widget child) {  // 构建方法
    return Transform(child:                          // 动画效果
    Icon(Icons.more_vert));                          // 图标小部件
    }),
  …
```

接下来配置 Transform 小部件的 transform 参数，代码如下：

```
transform: Matrix4.rotationZ(_controller.value)      //设置 transform
```

Matrix4 是一个 4D 矩阵，rotationZ 是 Matrix 4 的一个构造函数，表示设置在 Z 轴上旋转。_controller. value 表示 Matrix4 自动跟踪从 0 到 1 的进度或从 1 到 0。

优化一下显示方式，将_controller. value 替换成 controller. value * 0.5 * math. pi，表示旋转 90 度，然后设置 Transform 的参数 alignment，让旋转的图标居中显示，代码如下：

```
alignment:FractionalOffset.center,                   //居中显示图标
```

这样我们就实现了旋转的动画效果。

15.4　渐变动画效果

在登录页面中，我们通过是否显示确认密码切换登录页面和注册页面，确认密码的文本框可以使用动画效果优化一下，在 auth. dart 文件中，添加一个动画控制器，代码如下：

```
// Chapter15/15 - 04/lib/pages/auth.dart
  …
class _AuthPageState extends State < AuthPage >
with TickerProviderStateMixin{                        // 登录页面使用 vsync
```

```
AnimationController _controller;                    // 创建动画控制器属性
  @override
  void initState() {                                // 初始化方法
super.initState();                                  // 父类初始化
    _controller = AnimationController(              // 创建动画控制器
vsync: this, duration: Duration(seconds: 3));       // 设置动画持续时长
  }
…
```

这样我们就创建了动画控制器。现在需要实现渐变动画,在构建确认密码文本框buildConfirmTextField()方法中,返回FadeTransition包装的文本框小部件。代码如下:

```
// Chapter15/15－04/lib/pages/auth.dart
…
FadeTransition buildConfirmTextField() {           // 构建确认密码文本框
    return FadeTransition(                          // 渐变动画效果
      child: TextFormField(                         // 确认密码文本框
…
```

FadeTransition渐变的动画效果参数是opacity,同样可以使用CurvedAnimation赋值,代码如下:

```
// Chapter15/15－04/lib/pages/auth.dart
…
FadeTransition(                                     // 渐变动画效果
opacity: CurvedAnimation(                           // 渐变方式显示
parent: _controller,                                // 绑定动画控制器
curve: Interval(0, 1,curve: Curves.easeIn)          // 动画曲线
)
…
```

这样就实现了确认密码文本框渐变的动画效果。下一步在切换按钮的单击事件中,控制动画效果。代码如下:

```
// Chapter15/15－04/lib/pages/auth.dart
…
setState(() {                                       // 刷新页面显示
    if(_authMode == AuthMode.Login){               // 如果是登录页面
    _authMode = AuthMode.Singup;                   // 切换到注册页面
    _controller.forward();                         // 动画显示确认密码
    }else{                                         // 如果是注册页面
    _authMode = AuthMode.Login;                    // 切换到登录页面
    _controller.reverse();                         // 动画隐藏注册按钮
    }
    });
…
```

这样我们就把确认密码的显示和隐藏添加了动画效果。

15.5 滑动动画效果

在构建确认密码的方法中，给 TextFormField 小部件外面添加小部件 SlideTransition，我们可以配置 SlideTransition 的参数 position，position 表示当前的文本框可以上下移动。我们不能给参数 position 赋值曲线动画。应该配置一个位置动画，首先在 _AuthPageState 类中添加 Animation 类型的属性 _slideAnimation。Animation 的泛型设置为 Offset，表示相对于当前小部件显示位置的偏移量。代码如下：

```
Animation<Offset> _slideAnimation;                    // 创建位置动画属性
```

在初始化方法中实例化一个 _slideAnimation，代码如下：

```
// Chapter15/15-05/lib/pages/auth.dart
…
_slideAnimation =
Tween(begin: Offset(-2, 0), end: Offset(0, 0))        // 位置偏移量
.animate(                                             // 动画曲线
CurvedAnimation(
            parent: _controller,                      // 绑定控制器
    curve: Interval(0, 1,
    curve: Curves.fastOutSlowIn)));                   // 设置动画曲线
…
```

Tween 有两个参数 begin 和 end，表示开始位置和最终位置。begin 和 end 可以通过 Offset 创建，Offset 有两个参数，x 和 y，分别表示水平的偏移量和垂直的偏移量。Tween() 只是一个配置，需要调用 animate() 方法转化成动画，animate() 方法中可以传入曲线动画 CurvedAnimation，CurvedAnimation 的参数 parent 可以设置为动画控制器，CurvedAnimation 的参数 curve 可以设置动画曲线。这样我们就实现了滑动的动画效果。

15.6 Flutter 中的 Hero 和 Sliver

我们可以优化导航资讯详情页的效果。Flutter 提供了 Hero 小部件，Hero 小部件以动画效果显示内容。在 news_card.dart 文件中，在占位图片外面添加 Hero 小部件，代码如下：

```
// Chapter15/15-06/lib/widgets/news/news_card.dart
…
Hero(                                                 // Hero 小部件
    child: FadeInImage(                               // 占位图片小部件
…
```

Hero 需要配置参数 tag，tag 必须是唯一的，所以我们把 tag 设置为资讯的 Id。代码

如下：

```
tag: news.id,                                // Hero 小部件标签
```

　　然后在资讯详情页面 NewsDetailPage 中，把详情页面中的资讯图片也用 Hero 小部件包装起来，同时设置 tag 参数，tag 参数的值设为 news.id，这样 Flutter 就把这两个页面建立起了联系，实现 Hero 的动画效果。

　　我们还可以实现这样一个动画效果，当我们向上滚动页面的时候，把显示图片和导航栏合并到一起。当向下滑动时再把图片显示出来。在资讯详情页中，把导航栏 AppBar 注释掉。在 body 中创建小部件 CustomScrollView，CustomScrollView 允许我们自定义滚动效果。它有 CustomScrollView 中的参数 slivers，可以传入一组小部件。代码如下：

```
// Chapter15/15－06/lib/pages/news_detail.dart
…
body: CustomScrollView(                       // 自定义滚动效果
    slivers: <Widget>[],                      // 滚动 View 中的小部件
    ),
…
```

　　在小部件数组中，首先创建一个 SliverAppBar() 小部件，SliverAppBar 中的参数 expandedHeight 表示可以显示的最大高度是多少，当向上滑动的时候 SliverAppBar 中的内容可以自动地收缩。SliverAppBar 的参数 pinned 设为 true，表示 SliverAppBar 保持显示在顶部。SliverAppBar 中的参数 flexibleSpace 可以设置成标题。代码如下：

```
// Chapter15/15－06/lib/pages/news_detail.dart
flexibleSpace:                                // 顶部导航标题
FlexibleSpaceBar(title:Text(model.selectedNews.title),),
```

　　然后给 FlexibleSpaceBar 设置一下背景图片，代码如下：

```
// Chapter15/15－06/lib/pages/news_detail.dart
…
background: Hero(                             // 导航栏背景图片
    tag: model.selectedNews.id,              // Hero 标签
    child: FadeInImage(                      // 占位图片
placeholder: AssetImage('assets/news1.jpg'), // 图片资源
image: NetworkImage(model.selectedNews.image), // 网络加载图片
    height: 300,                             // 动画效果高度
    fit: BoxFit.cover,                       // 覆盖显示
    ),
),
…
```

　　在 SliverAppBar 创建 SliverList 小部件，SliverList 会在 SliverAppBar 下面显示列表。SliverList 需要设置参数 delegate，代码如下：

```
// Chapter15/15 - 06/lib/pages/news_detail.dart
…
SliverList(                                              // Sliver 列表
    delegate: SliverChildListDelegate([                 // 显示的小部件
    Container(                                           // 资讯详情
    padding: EdgeInsets.all(10),                         // 设置边距
    child: Text(model.selectedNews.description),         // 详情内容
    ),
    ]),
)
…
```

这样我们就实现了 Sliver 的效果，如图 15.6 所示。

图 15.6　Sliver 效果

15.7　自定义切换页面动画效果

上一节我们添加了 Hero 动画和 Sliver 特性，我们也可以实现切换页面的动画效果。在 widgets 目录中新建 custom_route. dart 文件，然后引入 material 包，创建 CustomRoute 类继承 MaterialPageRoute 类，然后添加泛型＜ T ＞，表示可以加载任何类型的数据。代码如下：

```
// Chapter15/15 - 07/lib/widgets/custom_route.dart
class CustomRoute < T > extends MaterialPageRoute < T >{}// 自定义路由
```

　　在类 CustomRoute 中定义一个构造器,构造器中传入两个命名的参数{WidgetBuilder builder,RouteSettings settings},我们不需要实现导航的核心功能,而是覆盖导航的动画效果。在构造器中添加冒号,这表示要添加一个初始化内容。代码如下:

```
// Chapter15/15 - 07/lib/widgets/custom_route.dart
…
CustomRoute({WidgetBuilder builder, RouteSettings settings})
        : super(builder: builder, settings: settings);
                                                    // 初始化 MaterialPageRoute
…
```

　　表示 CustomRoute 初始化完成后,调用父类的构造器以便实现导航的核心功能。我们只需要覆盖 buildTransitions( )方法,buildTransitions( )方法返回值是一个小部件,buildTransitions()方法中还包含两个动画的参数。代码如下:

```
// Chapter15/15 - 07/lib/widgets/custom_route.dart
…
  @override                              // 覆盖导航动画效果
  Widget buildTransitions ( BuildContext context, Animation < double > animation, Animation <
double > secondaryAnimation, Widget child) {
    return super. buildTransitions(context, animation, secondaryAnimation, child);
                                                            // 返回小部件
  }
…
```

　　首先判断 settings. isInitialRoute 的值,如果此时值为 true,表示它第一次加载页面,不是导航页面,只需要把 child 返回。我们不需要在第一次加载时添加动画效果,然后在返回语句中返回动画效果,代码如下:

```
// Chapter15/15 - 07/lib/widgets/custom_route.dart
…
return FadeTransition(opacity: animation,child: child,);
                                                // 渐变效果的导航
…
```

　　child 表示要显示的小部件。在 main. dart 文件中引入自定义的路由,然后在从导航到显示详情页这里使用,代码如下:

```
// Chapter15/15 - 07/lib/main.dart
…
return CustomRoute < bool >(builder: (context) {      // 使用自定义导航
return !_isAuth?AuthPage():NewsDetailPage();         // 返回资讯详情页
    });
…
```

　　这样导航到详情页的效果是渐变的动画效果，Flutter 能给任何小部件添加动画效果，例如小部件的显示和隐藏、页面的切换效果等。

　　本章我们学习了如何添加动画效果，以及用动画控制器控制动画的运行，动画控制器可以配置动画的持续时间，控制动画播放和回滚。动画是一个配置的对象，定义如何动画，例如渐变、旋转、快速显示等。Flutter 中的任何小部件都可以添加动画效果，动画是可配置的，我们也可以去深入学习每一个动画片段，或可以使用 Flutter 提供的动画小部件，例如 Hero、Sliver 等，Hero 可以从一个页面平滑过度到另一个页面，Sliver 可以给滚动内容添加动画效果。我们还学习了自定义导航动画，可以覆盖默认的导航动画效果，使用自定义动画效果覆盖原有的动画效果。

第 16 章

优 化 应 用

我们实现了应用的核心功能和动画效果，现在看一下还有哪些方面可以优化应用，本章分析一下 App。

16.1　优化自动退出

登录 App 后，在资讯列表中我们可以查看资讯的详情，如图 16.1 所示。

图 16.1　查看资讯详情

这里有个问题需要解决，当我们设置的登录有效时间到期后，App 会自动退出。退出时，我们选中的资讯没有被清空，所以需要在 mix_model.dart 文件的退出方法中，设置选中的资讯为空。代码如下：

```
// Chapter16/16 - 01/lib/scoped_models/mix_model.dart
...
    void logout() async {                          // 退出方法
    SharedPreferencessharedPreferences
     = await SharedPreferences.getInstance();      // 获取存储对象
sharedPreferences.remove('token');                 // 清除 token
    _user = null;                                  // 清除登录用户
    _selectedNewsId = null;                        // 重置选中资讯
    if (_authTimer != null) {                      // 计时器不为空
      _authTimer.cancel();                         // 注销计时器
    }
    _userSubject.add(false);                       // 发送退出事件
  }
...
```

这样当自动退出后，再登录进入创建资讯页面时，就不会有问题了。

16.2　优化编辑功能和收藏功能

在我的资讯页面中，编辑某条资讯时，如图 16.2 所示。

图 16.2　编辑资讯页面

在编辑资讯页面中，由于屏幕没有足够的空间，标题的文本框滑出了屏幕，当我们提交表单后，在我的资讯页面中发现资讯的标题消失了，如图16.3所示。

图 16.3　资讯标题消失了

在编辑资讯页面中，我们使用初始化值的方式赋值，这样当文本框滑出屏幕时，提交表单将无法获取滑出屏幕的文本框中的值。我们可以使用文本框控制器来解决这一问题，我们给编辑资讯页面中的每个文本框添加控制器，并把文本框中的初始化参数去掉，代码如下：

```
// Chapter16/16-02/lib/pages/edit_news.dart
…
TextEditingController _titleController;              // 标题文本控制器
TextEditingController _descController;              // 描述文本控制器
TextEditingController _scoreController;             // 分数文本控制器

  @override
  void initState() {                                  // 初始化方法
super. initState();                                 // 父类初始化
    _titleController = TextEditingController();       // 初始化标题控制器
    _descController = TextEditingController();        // 初始化描述控制器
    _scoreController = TextEditingController();       // 初始化分数控制器
  }
…
```

然后需要设置表单中文本框的控制器,代码如下:

```
// Chapter16/16 - 02/lib/pages/edit_news.dart
…
if (model.selectedNews == null) {              // 如果是创建模式
        _titleController.text = '';            // 文本框设为空
    } else {                                   // 如果是编辑模式
_titleController.text = model.selectedNews.title,
                                               // 设置为选中标题
    }
return TextFormField(                          // 标题文本框
        controller: _titleController,          // 标题文本控制器
…
```

在提交表单的方法中,需要使用文本控制赋值,代码如下:

```
// Chapter16/16 - 02/lib/pages/edit_news.dart
model.addNews(                                 // 调用新增资讯方法
_titleController.text,                         // 标题中的文本
_descController.text,                          // 描述中的文本
double.parse(_scoreController.text),           // 分数中的文本
 image)
```

这样即使编辑资讯页面中的文本框滑出页面了,也可以保存文本框中的值。

在 NewsCard 小部件中,收藏按钮的处理逻辑是通过索引选中资讯的。代码如下所示:

```
model.selectNews(model.newsList[index].id);        //通过索引选中资讯
```

此时使用了收藏过滤功能,如图 16.4 所示。

资讯列表中的索引发生了变化,过滤后索引本应是 1 的资讯,但索引变成了 0,当我们单击"详情"按钮时会被导航到一个错误页面,所以我们不应该依赖资讯的索引实现收藏导航功能。

资讯列表中的数据是不变的,但是索引会随着过滤条件的变化而变化,所以我们把索引都替换成 id。代码如下:

```
// Chapter16/16 - 02/lib/widgets/news/news_card.dart
…
onPressed: () = > Navigator.pushNamed < bool >
(context, '/news/' + news.id)                      // 使用 id 导航页面
…
```

保存并重启,过滤收藏后,此时查看详情页就可以显示正确的页面了。

但新建的资讯标题过长,如图 16.5 所示。

资讯的标题过长需要换行,我们可以设置 Text 小部件的参数 softWrap,代码如下:

```
// Chapter16/16 - 02/lib/widgets/ui_element/title_defaut.dart
```

图 16.4 过滤收藏的资讯

```
…
child: Text(                                        // 标题文本
        title,                                      // 标题内容
softWrap: true,                                     // 换行
      ),
…
```

默认情况下 Text 宽度是不受限制的,所以需要把 Text 小部件用 Flexible 包装一下,代码如下:

```
// Chapter16/16 – 02/lib/widgets/ui_element/title_defaut.dart
…
Flexible(                                           // 占据行的一定宽度
      child: Container(                             // 设置边距
        margin: EdgeInsets.only(top: 10.0),         // 外边距
        child: Text(                                // 文本小部件
          title,                                    // 文本内容
softWrap: true,                                     // 自动换行
        ),
      ),
    ),
…
```

图 16.5　资讯标题过长

设置好后,显示正常了,如图 16.6 所示。

图 16.6　资讯标题换行

16.3 使用 analyze 命令优化项目

我们可以在项目目录下运行 flutter analyze,这个命令可以帮助我们分析项目,并且给出修改建议和行号,如图 16.7 所示。

```
info • Unused import: 'package:flutter/rendering.dart' • lib/main.dart:5:8 • unused_import
info • Unused import: './models/news_model.dart' • lib/main.dart:9:8 • unused_import
info • Unused import: './news_list.dart' • lib/pages/auth.dart:3:8 • unused_import
info • Unused import: '../models/news_model.dart' • lib/pages/edit_news.dart:6:8 • unused_import
info • Duplicate import • lib/pages/edit_news.dart:7:8 • duplicate_import
info • Unused import: '../models/news_model.dart' • lib/pages/edit_news.dart:7:8 • unused_import
info • Unused import: '../models/news_model.dart' • lib/pages/my_news.dart:5:8 • unused_import
info • Unused import: '../models/news_model.dart' • lib/pages/news_list.dart:7:8 • unused_import
info • Unused import: 'package:flutter_news/scoped_models/mix_model.dart' •
       lib/scoped_models/main_scope_model.dart:1:8 • unused_import
info • Unused import: '../../pages/news_detail.dart' • lib/widgets/news/news.dart:3:8 • unused_import
info • Unused import: './score.dart' • lib/widgets/news/news.dart:4:8 • unused_import

11 issues found. (ran in 3.8s)
```

图 16.7 分析应用项目

可以看到项目很多地方引用的文件没有被使用,我们可以根据提示逐一修改。

很多服务会提供接口的 key,key 最好放在统一的地方管理,例如创建一个可以全局访问的文件。在 lib 的目录下创建目录 global,然后创建 global.dart 文件。在 global.dart 文件中可以定义 apikey,代码如下:

```
// Chapter16/16-03/global/global.dart
final String apiKey = 'AIzaSyCLQTG59usHzrIRrkQwmb8Pzu8OMqsa7ho';    // 接口的 key
```

这意味着我们在需要用到的地方引入 global.dart 文件。

第 17 章

使用平台特有的小部件

我们已经完成了应用的所有功能。本章学习如何根据不同的平台显示不同的小部件，以及根据不同的平台使用不同的主题。

17.1 根据平台的不同显示不同的小部件

我们使用 Material Design 构建了整个应用，包括 Android 和 iOS 两个平台。Material Design 不仅仅是为 Android 平台设计的，Material Design 是一个设计体系，我们可以在任何时候使用它，iOS 当然也可以使用它，然而有时我们需要使用 iOS 特有的小部件，Flutter 允许我们添加 iOS 原生的小部件。

在官网小部件的分类中，可以看到 Cupertino 分类，如图 17.1 所示。

图 17.1　官网中的 Cupertino 分类

Cupertino 分类中提供了很多 iOS 原生的小部件，如图 17.2 所示。

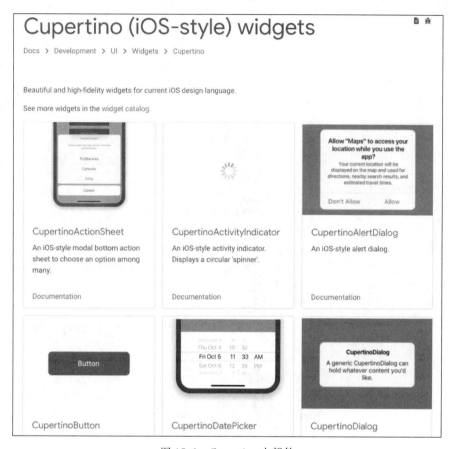

图 17.2　Cupertino 小部件

这些 Cupertino 小部件可以在 Flutter 中使用。在编辑资讯页面中，提交按钮使用了加载条。代码如下：

```
// Chapter17/17 – 01/lib/pages/edit_news.dart
…
Widget _buildSubmitButton(MainScopeModel model) {          // 构建按钮方法
    return ScopedModelDescendant < MainScopeModel >(
        builder: (BuildContext context,                    // 使用 scope model
Widget child, MainScopeModel model) {
    return model.isLoading                                 // 判断加载状态
? Center(child: CircularProgressIndicator())              // 显示加载条
: RaisedButton(                                            // 显示提交按钮
color: Theme.of(context).accentColor,                      // 按钮背景色
textColor: Colors.white,                                   // 按钮文字颜色
            child: Text('创建'),                           // 按钮上的文字
onPressed: () {                                            // 按钮单击事件
```

```
                    _submitForm(model);                        // 提交表单
                },
            );
        });
    }
    …
```

此处加载条可以替换成 iOS 中的加载条,我们可以使用 CupertinoActivityIndicator 小部件。在 iOS 设备上显示 iOS 的加载条,这意味着我们需要获取平台的信息,代码如下:

```
// Chapter17/17 - 01/lib/pages/edit_news. dart
…
if(model. isLoading){                           // 如果是加载状态
return Theme. of(context). platform
 == TargetPlatform. iOS?                        // 判断是否是 iOS
Center(child:CupertinoActivityIndicator()):     // 显示 iOS 的加载条
Center(child: CircularProgressIndicator())      // 显示 material 加载条
        }else{                                  // 不是加载状态
            return RaisedButton(                // 显示按钮
…
```

这样我们就完成了区分平台的编码。保存后,创建一条资讯,发现底部显示的是 iOS 的加载条,如图 17.3 所示。

图 17.3　使用 iOS 加载条

我们可以使用区分平台的方法实现很多功能,而不只是显示不同的小部件。

17.2　根据不同的平台显示不同的主题

当前应用的主题在不同的设备上显示的效果几乎一样,我们可以根据不同的平台显示不同的主题。在 main.dart 文件中,我们使用了主题,代码如下:

```
// Chapter17/17 - 02/lib/main.dart
…
theme: ThemeData(                               // 使用主题
    primaryColor: Colors.deepOrange,            // 主题颜色
    accentColor: Colors.deepOrange,             // 交互颜色
    brightness: Brightness.light,               // 主题模式
),
…
```

我们可以根据不同的平台设置不同的主题,代码如下:

```
// Chapter17/17 - 02/lib/main.dart
…
theme: Theme.of(context).platform
 == TargetPlatform.iOS?                         // 判断当前设备平台
ThemeData(                                      // 如果是 iOS 设备
primaryColor: Colors.deepPurple,                // 使用 deepPurple
accentColor: Colors.deepPurpleAccent,           // 强调色
          brightness: Brightness.dark,          // 深夜模式
        ):
ThemeData(                                      // Android 设备
primaryColor: Colors.deepOrange,                // 使用 deepOrange
accentColor: Colors.deepOrange,                 // 强调色
          brightness: Brightness.light,         // 明亮模式
        ),
…
```

保存后发现在不同的平台显示的主题不同了。Android 设备上的主题与之前一致,iOS 设备上的主题显示如图 17.4 所示。

本章我们学习了如何根据平台的不同执行不同的代码,我们通过 Theme.of(context).platform 找到平台信息,然后判断是 iOS 平台还是 Android 平台,再运行不同的代码。在官网中可以找到很多 iOS 风格的小部件,但并不是所有的 Material 小部件都有对应的 iOS 小部件。

图 17.4   iOS 设备上的主题

第 18 章

Flutter 跨平台交互

Flutter 允许我们编写和使用平台的原生代码，例如我们可以使用 Java 编写 Android 的代码，或者使用 Object-C 编写 iOS 代码。如果需要编写非常高级的应用，就有可能使用原生的特性。例如我们想实现某些功能，但是没有相应的第三方包。例如第 14 章我们使用相机的功能是通过第三方包实现的，这个第三方包中使用的是原生的代码，然后通过 Flutter 包装的，所以我们可以直接使用这个第三方包中的功能。本章我们学习如何编写第三方包插件。

18.1 Flutter 与原生代码交互

官网针对编写跨平台代码提供了图解，如图 18.1 所示。

图 18.1 中显示了 Flutter 是如何跟 iOS 平台和 Android 平台交互的，并提到了方法管道 MethodChannel，它是 Flutter 和原生代码之间的桥梁，建立好桥梁后 Flutter 可以给原生代码发送消息，原生代码可以监听消息并返回一些内容。例如第三方包 image_picker 中使用了相机功能，这个功能只需要实现监听，当我们选择使用相机时，只需要发送相应的事件，然后包中的原生代码会监听到这个事件，这样就打开了相机的功能。这个相机功能既包括 iOS 原生代码也包括 Android 的原生代码，所以以上就是第三方包 image_picker 选择相机时实现的内容。

我们可以使用这个原理实现查看电池状态的功能。在 main. dart 文件中添加一个属性 _platformchannel，然后创建一个 MethodChannel 对象，MethodChannel 是由 flutter/services 包提供的，所以需要引入一下。代码如下：

```
MethodChannel _channel = MethodChannel();          //创建方法管道
```

这样我们就创建了一个交互的管道，这个管道需要一个唯一标识，最好的实现方式是使用域名＋名称的方式，例如：x7data. com/battery，这样能保证管道的唯一性。下一步需要调用原生平台的管道获取内容。代码如下：

```
// Chapter18/18-01/lib/main. dart
…
```

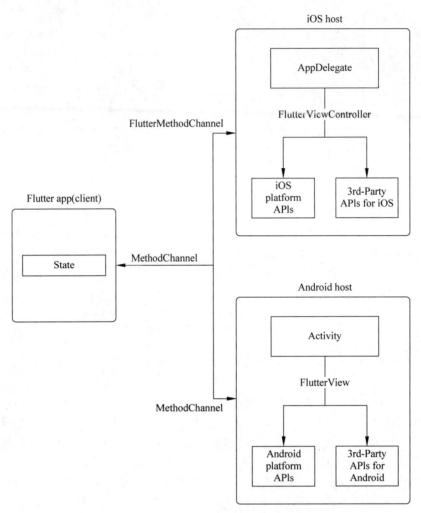

图 18.1　编写跨平台代码图解

```
MethodChannel _channel = MethodChannel(        // 创建方法管道
    'x7data.com/battery',                      // 方法管道标识
  );
  Future < Null > getBatteryLevel() async {    // 创建异步方法
    String batteryLevel;                       // 电池状态
    try {                                      // 异常处理机制
      final int result                         // 平台返回结果
 = await _channel.invokeMethod('getBatteryLevel');  // 调用平台方法
batteryLevel = '电池状态 $ result';            // 电池状态结果
    } catch (error) {                          // 出现异常时
batteryLevel = '获取电池状态失败';             // 电池状态异常
    }
    print(batteryLevel);                       // 打印电池状态
```

```
  }
…
  @override                                    // 覆盖
  void initState() {                           // 初始化方法
super. initState();                            // 父类初始化
getBatteryLevel();                             // 获取电池状态
…
```

我们创建了返回值为 Future < Null >的异步方法,在方法体中使用了方法管道 MethodChannel。方法管道可以调用 invokeMethod()方法,invokeMethod()方法需要传递字符串参数,这个参数是我们在原生代码中编写的监听方法,这里命名为 getBatteryLevel。因为 invokeMethod()方法是异步的,所以在调用方法前加 await 关键字,然后定义 final int result 接收原生平台返回的结果。在调用过程中可能出现异常,所以我们使用了 try catch 语句。如果 invokeMethod()方法执行成功就返回'电池状态 $ result',失败时返回'获取电池状态失败',最后我们在控制台打印返回结果。以上就是 Flutter 端需要编写的代码。现在我们看一下如何编写原生代码。

18.2　编写 Android 端原生代码并与 Flutter 交互

在应用目录下找到 MainActivity. kt 文件,如图 18.2 所示。

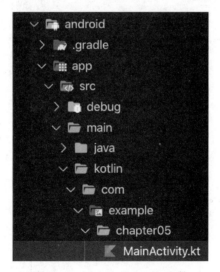

图 18.2　MainActivity. kt 文件

在 MainActivity. kt 文件中,我们可以编写 Android 代码。在 MainActivity 类中,首先创建一个变量 private val CHANNEL = "x7data. com/battery"表示管道名称,管道的值需要与我们上一节定义的方法管道名称一致。

在 onCreate 方法中创建一个 MethodChannel()对象,MethodChannel()需要传入一个

getFlutterView()方法,再传入管道 CHANNEL,然后调用 setMethodCallHandler()方法来建立管道之间的连接,最后我们需要创建一个监听来接收消息事件,可以通过创建 MethodCallHandler 对象实现监听。代码如下:

```kotlin
// Chapter18/18 - 02/MainActivity.kt
…
new MethodChannel(getFlutterView(), CHANNEL)        // 创建管道
.setMethodCallHandler(                              // 建立桥梁
                new MethodCallHandler() {            // 添加监听
@Override
public void onMethodCall(MethodCall call, Result result) {
}                                                   // 监听方法
});
…
```

这样我们就连接了管道并且建立了监听,但是我们还没有指定监听事件。首先在 MainActivity 类中添加一个私有方法,返回值是 Int 类型,方法名为 getBatteryLevel,这个方法名必须与上一节 Flutter 中调用的方法名保持一致,方法中需要返回电池的状态,代码如下:

```kotlin
// Chapter18/18 - 02/MainActivity.kt
…
  private fun getBatteryLevel(): Int {              // 获取电池状态方法
valbatteryLevel: Int                               // 定义电池状态变量
if (VERSION.SDK_INT >= VERSION_CODES.LOLLIPOP) {    // 判断 SDK 版本
valbatteryManager                                  // 电池管理
 = getSystemService(Context.BATTERY_SERVICE) as BatteryManager
batteryLevel = batteryManager.getIntProperty
(BatteryManager.BATTERY_PROPERTY_CAPACITY)          // 返回电池状态
    } else {                                        // 如果是低版本
val intent
 = ContextWrapper(applicationContext).registerReceiver(null, IntentFilter(Intent.ACTION_
BATTERY_CHANGED))
batteryLevel =                                      // 低版本电池状态
intent!!.getIntExtra(BatteryManager.EXTRA_LEVEL, - 1)
 * 100 / intent.getIntExtra(BatteryManager.EXTRA_SCALE, - 1)
    }
    return batteryLevel
  }
…
```

这样方法和管道就都创建好了,下一步添加事件监听,在 setMethodCallHandler()方法中首先检查 call.method 是否等于 getBatteryLevel,如果等于就返回 getBatteryLevel()方法的返回值,再判断 batteryLevel;如果 batteryLevel 不等于 -1 这就表明请求成功,调用 reuslt.success(),方法中传入 batteryLevel,其他情况返回 result.error(),方法中传入字符

串，获取不到电池状态。如果找不到对应的方法，就调用 result. notImplemented()方法表
示找不到对应的方法。代码如下：

```
// Chapter18/18 - 02/MainActivity.kt
…
MethodChannel(flutterView, CHANNEL).setMethodCallHandler { call, result ->
                                                      // 创建管道和监听
        if (call.method == "getBatteryLevel") {      // 监听方法名称
valbatteryLevel = getBatteryLevel()                   // 调用电池状态方法
        if (batteryLevel != -1) {                     // 调用成功
result.success(batteryLevel)                          // 返回电池状态
        } else {                                      // 调用失败
result.error
        ("UNAVAILABLE", "获取不到电池状态", null)       // 返回失败的结果
        }
    } else {                                          // 找不到方法名
result.notImplemented()                               // 获取不到方法
    }
  }
…
```

保存并重启后，我们成功地获取了电池的状态，如图 18.3 所示。

```
Launching lib/main.dart on Android SDK built for x86 in debug mode...
Built build/app/outputs/apk/debug/app-debug.apk.
I/flutter ( 4138): auth
D/EGL_emulation( 4138): eglMakeCurrent: 0x9e8b0200: ver 3 0 (tinfo 0xa1250780)
I/flutter ( 4138): 电池状态100
```

图 18.3　获取电池状态

18.3　编写 iOS 端原生代码与 Flutter 交互

打开 ios 目录下的 AppDelegate. swift 文件，如图 18.4 所示。

图 18.4　AppDelegate. swift 文件所在目录

AppDelegate. swift 文件是使用 swift 语言编写的,在 didFinishLaunchingWithOptions ()方法中添加一些控制器,代码如下:

```
// Chapter18/18 - 03/AppDelegate.swift
…
let controller : FlutterViewController = // 创建 Flutter 视图控制器
window?.rootViewController as! FlutterViewController
…
```

然后创建方法管道,代码如下:

```
// Chapter18/18 - 03/AppDelegate.swift
…
let batteryChannel                                          // 创建方法管道
= FlutterMethodChannel(name: "x7data.com/battery",
binaryMessenger: controller.binaryMessenger)
…
```

下一步在 AppDelegate 类中创建一个方法来获取 iOS 中电池的状态,代码如下:

```
// Chapter18/18 - 03/AppDelegate.swift
…
private funcreceiveBatteryLevel(result: FlutterResult) {
                                                           // 获取电池状态方法
  let device = UIDevice.current                            // 获取设备
device.isBatteryMonitoringEnabled = true                   // 访问电池监控
  if device.batteryState == UIDevice.BatteryState.unknown {
    result(FlutterError(code: "UNAVAILABLE",               // 获取失败
                      message: "获取电池状态失败",
                      details: nil))
  } else {
    result(Int(device.batteryLevel * 100))                 // 获取成功
  }
}
…
```

最后在方法管道中监听方法名称,代码如下:

```
// Chapter18/18 - 03/AppDelegate.swift
…
guard call.method == "getBatteryLevel" else {              // 判断方法名称
    result(FlutterMethodNotImplemented)                    // 没有找到方法
    return                                                 // 返回空
  }
self?.receiveBatteryLevel(result: result)                  // 返回电池状态
    })
…
```

这样我们就完成了 iOS 端代码的编写,注意获取电池状态需要在真机上测试。

第 19 章

发布 Flutter 应用

到目前为止 Flutter 应用已开发完成，我们可以在现在的基础上继续添加更多的功能，目前的 Flutter 应用包含了所有的核心功能，可以发布这个应用了，本章介绍如何发布 Flutter 应用，包括打包应用及发布到 Android 应用商店和 Apple Store 上，本章还会介绍如何设置应用的图标和闪屏。

19.1　设置应用图标

我们可以使用第三方包 flutter_launcher_icons 为我们的应用设置图标，包 flutter_launcher_icons 可以自动生成各种尺寸的小图标，包括 Android 和 iOS，如图 19.1 所示。

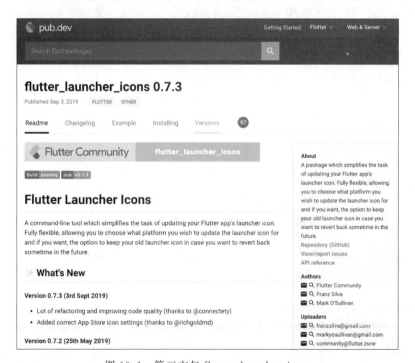

图 19.1　第三方包 flutter_launcher_icons

在 android 目录内部的 res 目录中包括不同尺寸的图标,如图 19.2 所示。

图 19.2　android 中的应用图标

res 目录下各种尺寸的图标就是我们的应用图标,我们可以使用 PhotoShop 等工具手动设置各种尺寸的图标。iOS 中也需要设置不同尺寸的图标,第三方包 flutter_launcher_icon 可以很容易地帮助我们生成这些小图标。首先添加包 flutter_launcher_icon 的依赖。我们并不需要在项目中使用这个包,只是在开发完成的时候使用这个包,在官网上可以找到这个包的使用方法,如图 19.3 所示。

```
dev_dependencies:
  flutter_launcher_icons: "^0.7.3"

flutter_icons:
  android: "launcher_icon"
  ios: true
  image_path: "assets/icon/icon.png"
```

图 19.3　添加 flutter_launcher_icon 依赖

在 dev_dependencies 中配置依赖,表示是在开发环境时用的。我们把 Android 和 iOS 都设置为 true,然后设置一个可以访问的图片。代码如下:

```
// Chapter19/19 - 01/pubspec.yaml
…
flutter_icons:                              // Flutter 应用图标
  android: true                             // 生成 Android 的图标
```

```
ios: true                                    // 生成 iOS 的图标
image_path: "assets/news1.jpg"               // 应用图标
…
```

我们还可以设置图标的背景色和前景色等。具体可以参考包 flutter_launcher_icon 的文档,然后在根目录运行第一个命令 flutter pub get,再运行第二个命令 flutter pub run flutter_launcher_icons:main,如图 19.4 所示。

```
localhost:chapter05 michael$ flutter pub run flutter_launcher_icons:main
Android minSdkVersion = 16
Creating default icons Android
Overwriting the default Android launcher icon with a new icon
Overwriting default iOS launcher icon with new icon
localhost:chapter05 michael$
```

图 19.4　自动生成图标

这样我们就在 res 目录下自动生成了应用的图标,如图 19.5 所示。

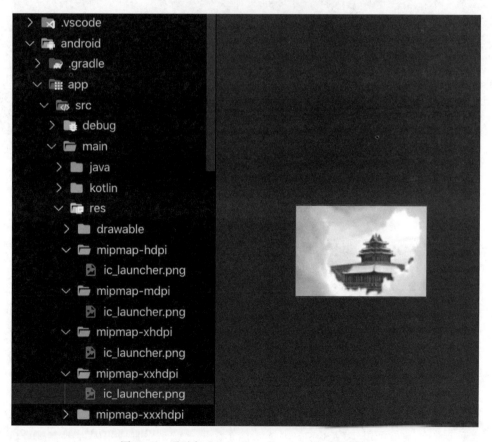

图 19.5　通过包 flutter_launcher_icon 生成的图标

此时我们可以看到不同尺寸的小图标,在 ios 目录下 Runner 中的 Assets 目录下也生成了各种尺寸的图标,如图 19.6 所示。

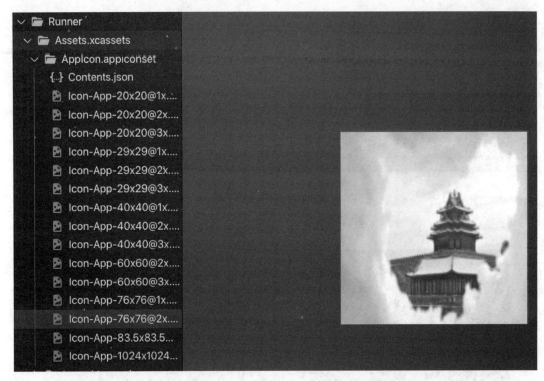

图 19.6 包 flutter_launcher_icon 生成的 iOS 图标

以上就是生成应用图标的方法,在模拟器上也能看到生成的图标,如图 19.7 所示。下节设置应用的闪屏。

19.2 给 App 添加闪屏

闪屏是应用启动时显示的内容,默认是白色屏幕。我们可以把应用的图标显示在闪屏上。android 的 rest 目录中有个 drawable 目录,drawable 目录中的 launch_background.xml 可以设置。添加一行@android:color/white,如图 19.8 所示。

重启应用后就能看到我们配置的闪屏。在 ios 目录中的 Runner 目录下有个 Assets.xcassets 目录,在 Assets.xcassets 目录中有个目录 LaunchImage.imageset,这里有很多闪屏的图片,如图 19.9 所示。

我们把各种尺寸的闪屏图片放到 LaunchImage.imageset 目录下,名称与图 19.9 中图片的名称保持一致就可以实现 iOS 的闪屏功能了。以上就是设置应用闪屏的方法。

图 19.7　应用的图标

```xml
<?xml version="1.0" encoding="utf-8"?>
<!-- Modify this file to customize your launch splash screen -->
<layer-list xmlns:android="http://schemas.android.com/apk/res/android">
    <item android:drawable="@android:color/white" />
    <item android:drawable="@drawable/ic_launcher" />
    <!-- You can insert your own image assets here -->
    <!-- <item>
        <bitmap
            android:gravity="center"
            android:src="@mipmap/launch_image" />
    </item> -->
</layer-list>
```

图 19.8　配置闪屏图片

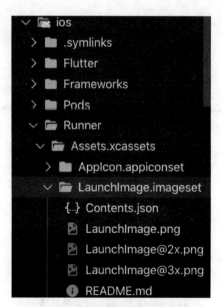

图 19.9　iOS 中的闪屏

19.3　Android 打包和发布

首先需要修改应用的名称，在 android 目录下找到 AndroidManifest. xml 文件，如图 19.10 所示。

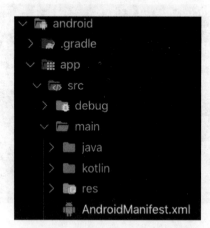

图 19.10　AndroidManifest. xml 文件所在目录

文件中的 android：label 标签是应用的名称，把 android：label 修改成新闻咨询，如图 19.11 所示。

在 ios 目录中，找到 info. plist 文件，如图 19.12 所示。

```
<manifest xmlns:android="http://schemas.android.com/apk/res/android"
    package="com.example.chapter05">

    <!-- io.flutter.app.FlutterApplication is an android.app.Application that
        calls FlutterMain.startInitialization(this); in its onCreate method.
        In most cases you can leave this as-is, but you if you want to provide
        additional functionality it is fine to subclass or reimplement
        FlutterApplication and put your custom class here. -->
    <application
        android:name="io.flutter.app.FlutterApplication"
        android:label="新闻资讯"
        android:icon="@mipmap/ic_launcher">
        <activity
            android:name=".MainActivity"
            android:launchMode="singleTop"
            android:theme="@style/LaunchTheme"
            android:configChanges="orientation|keyboardHidden|keyboard|screenSize|local
            android:hardwareAccelerated="true"
            android:windowSoftInputMode="adjustResize">
            <!-- This keeps the window background of the activity showing
                until Flutter renders its first frame. It can be removed if
                there is no splash screen (such as the default splash screen
                defined in @style/LaunchTheme). -->
            <meta-data
                android:name="io.flutter.app.android.SplashScreenUntilFirstFrame"
                android:value="true" />
            <intent-filter>
                <action android:name="android.intent.action.MAIN"/>
                <category android:name="android.intent.category.LAUNCHER"/>
            </intent-filter>
        </activity>
    </application>
</manifest>
```

图 19.11　设置 Android 应用名称

图 19.12　info.plist 所在的目录

在文件中，修改 CFBundleName 的值，如图 19.13 所示。

```
<key>CFBundleDevelopmentRegion</key>
<string>$(DEVELOPMENT_LANGUAGE)</string>
<key>CFBundleExecutable</key>
<string>$(EXECUTABLE_NAME)</string>
<key>CFBundleIdentifier</key>
<string>$(PRODUCT_BUNDLE_IDENTIFIER)</string>
<key>CFBundleInfoDictionaryVersion</key>
<string>6.0</string>
<key>CFBundleName</key>
<string>新闻资讯</string>
<key>CFBundlePackageType</key>
<string>APPL</string>
<key>CFBundleShortVersionString</key>
<string>$(FLUTTER_BUILD_NAME)</string>
```

图 19.13　设置 iOS 应用的名称

在 android 目录中的 app 目录下设置 build.gradle 文件的配置。在配置中需要保证 applicationId 唯一。代码如下：

```
applicationId "com.x7data.news"                      //应用的 id
```

在 AndroidManifest.xml 中，包名要与应用的 id 保持一致，如图 19.14 所示。

```
<manifest xmlns:android="http://schemas.android.com/apk/res/android"
    package="com.x7data.news">
```

图 19.14　应用的包名

在 build.gradle 文件中还可以设置编码的版本、应用的版本和 SDK 的版本，这个 minSdkVersion 表示安卓支持的最低版本，targetSdkVersion 表示构建的版本，这些版本的值可以使用默认值。下一步需要生成签名，在终端运行命令：

```
keytool - genkey - v - keystore ～/key.jks - keyalg RSA - keysize 2048 - validity 10000 -
alias key
```

根据终端的提示输入密码、姓名、组织机构后在～目录中就生成了 key.jks 文件，然后创建一个 key.properties 文件放在项目目录/android/key.properties。在 key.properties 中添加如下内容：

```
storePassword = 签名的密码
keyPassword = 签名的密码
keyAlias = key
storeFile = 签名保存的路径
```

在项目目录/android/app/build.gradle 文件中,添加如下内容:

```
def keystoreProperties = new Properties()          // 读取属性对象
    def keystorePropertiesFile
= rootProject.file('key.properties')               // 读取属性文件
    if (keystorePropertiesFile.exists()) {
keystoreProperties.load(new FileInputStream(keystorePropertiesFile))     // 加载属性文件
    }
android {
```

下一步添加签名的内容,如下所示:

```
signingConfigs {                                   // 添加签名内容
      release {
keyAliaskeystoreProperties['keyAlias']
keyPasswordkeystoreProperties['keyPassword']
storeFile file(keystoreProperties['storeFile'])
storePasswordkeystoreProperties['storePassword']
      }
    }
buildTypes {
…
```

最后在项目目录运行 flutter build apk,运行完成后,在 build/app/output/release 目录中可以看到构建好的发布版本的应用,然后可以把这个应用包发布到商店中,例如腾讯的应用宝或华为应用商店等。

19.4 iOS 打包和发布

发布 iOS 的应用需要使用苹果开发者账号,登录开发者账号后可以创建一个 AppId,如图 19.15 所示。

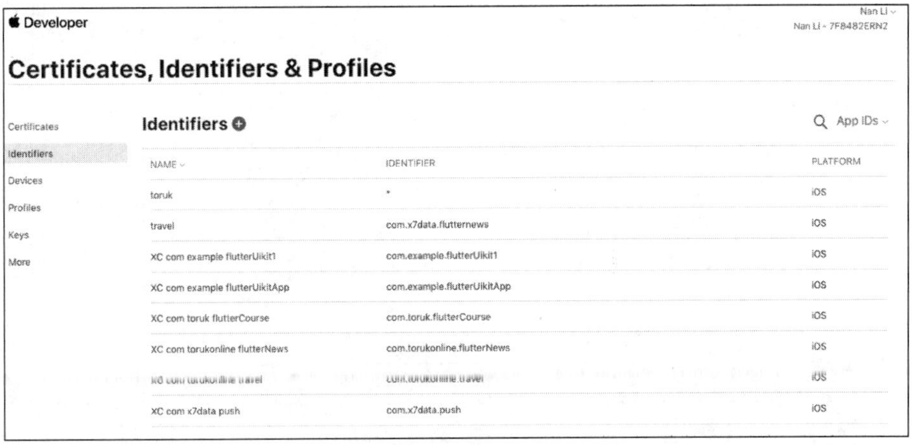

图 19.15 创建 AppId

创建好 AppId 后打开 App Store Connect，如图 19.16 所示。

图 19.16　App Store Connect

单击我的 App 添加一个新的 App，如图 19.17 所示。

图 19.17　新建 App

填好相关信息后，单击"创建"按钮就创建好了一个 App。下一步通过 Xcode 打开我们的项目，如图 19.18 所示。

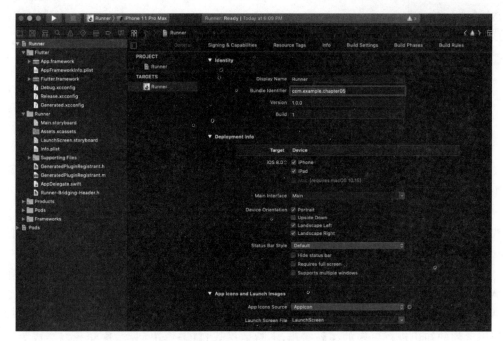

图 19.18　Xcode 打开项目

我们需要修改 BundleIdentifier，它的值是我们使用苹果开发者账号注册的应用 id，DisplayName 修改为新闻资讯，然后设置开发团队，如图 19.19 所示。

图 19.19　设置开发团队

最后单击"Product"下的"achive"按钮，验证一下，如果没有问题就可以单击上传，最后在 App Store Connect 中就可以发布应用了。

第 20 章

总结与回顾

我们学习了很多关于 Flutter 的内容和核心的特性，我们成为 Flutter 开发者后，应该不断实践以便成为更好的 Flutter 开发者。

我们学习了 Flutter 核心开发技术、搭建 Flutter 开发环境、Flutter 小部件的概念、基于堆栈的导航、验证用户输入、Flutter 与 HTTP、Flutter 中的权限认证、使用相机功能、使用 Flutter 的动画效果、跨平台开发和发布应用。

通过学习本书现在我们可以成为 Flutter 开发者了，使用一种代码编写运行于两个平台的 App，整本书我们学习了很多关于 Flutter 的内容和核心的特性，希望我们通过本书的学习，对开发移动 App 项目充满自信，强烈推荐大家深入官方文档去了解更多内容，更重要的是使用学到的知识进行更多的编码实践，不断地挑战自己，解决问题，这样我们会成为更优秀的开发者。Flutter 还在不断地发展，希望大家不断提升自己并灵活运用 Flutter，为了提高学习效率，作者提供整套学习视频，了解详情请浏览网站 http://www.x7data.com。

图 书 资 源 支 持

感谢您一直以来对清华大学出版社图书的支持和爱护。为了配合本书的使用，本书提供配套的资源，有需求的读者请扫描下方的"书圈"微信公众号二维码，在图书专区下载，也可以拨打电话或发送电子邮件咨询。

如果您在使用本书的过程中遇到了什么问题，或者有相关图书出版计划，也请您发邮件告诉我们，以便我们更好地为您服务。

我们的联系方式：

地　　址：北京市海淀区双清路学研大厦 A 座 701

邮　　编：100084

电　　话：010-83470236　010-83470237

资源下载：http://www.tup.com.cn

客服邮箱：2301891038@qq.com

QQ：2301891038（请写明您的单位和姓名）

用微信扫一扫右边的二维码，即可关注清华大学出版社公众号。

科技传播·新书资讯

电子电气科技荟

资料下载·样书申请

书圈